KB263147

# 기후 위기 시대,
# 에너지 전환으로
# 지구의 건강을 지켜요!

# 기후 위기 시대, **에너지 전환**으로 **지구의 건강**을 지켜요!

강신홍 · 강정훈 지음

한나래플러스

기후 위기 시대,
에너지 전환으로
지구의 건강을 지켜요!


2024년 10월 18일 1판 1쇄 박음
2024년 10월 25일 1판 1쇄 펴냄

지은이 | 강신홍 · 강정훈
펴낸이 | 조광재

편집 | 우정은
디자인 | 심예진
마케팅 | 신현미

펴낸곳 | (주)한나래플러스
등록 | 1991. 2. 25. 제2011–000139호
주소 | 서울시 마포구 토정로 222, 한국출판콘텐츠센터 418호
전화 | 02) 738–5637 · 팩스 | 02) 363–5637 · e–mail | hannarae91@naver.com
www.hannarae.net

에너지경제연구원은 우리나라의 에너지 자원에 대한 정책을 개발하는 요람(搖籃)과 같은 곳입니다. 에너지 정책을 연구하는 국책연구기관으로서 기후 변화에 대응하는 국가의 에너지 정책을 연구·개발하고 우리나라의 에너지 정책을 선도하고 있지요. 에너지경제원구원 원장으로서 보다 많은 분들, 특히 미래 세대의 주인공인 청소년들이 국가의 에너지 정책이 우리 삶에 어떠한 영향을 미치는지 그 중요성을 알고 관심을 가졌으면 하는 바람을 늘 가슴 한편에 지니고 있었습니다. 연구원에서 수많은 연구보고서를 발간하고 있지만, 대부분 정부 관계자나 전문가를 위한 내용을 담고 있어 아쉬움도 있었지요.

그런 가운데 이 책의 저자인 강신홍 본부장(전 서울에너지공사 기획경영본부장)과 강정훈 선생님이 청소년을 대상으로 기후 변화의 대응책으로서 '에너지 전환'의 필요성을 알리는 책을 출간하게 되었다는 소식을 듣고, 고맙고 반가운 마음에 추천사를 쓰게 되었습니다. 강신홍 본부장은 에너지경제연구원이 시행하는 에너지고위경영자과정(EMP) 제19기에서 에너지 분야 최고 전문가들과 함께 공부하고 연구한 뒤《기후변화와 에너지산업의 미래》라는 책을 대표저자로 집필하기도 하였습니다. 국내외 에너지 산업의 현실과 미래를 깊이 있게 분석한 그 책을 통해 많은 분들이 우리 사회 에너지의 역할과 나아가야 할 방향 등에 관심을 가지게 된 것을 알기에 이번 책 또한 기대가 큽니다.

이 책에는 에너지란 무엇인지에 대한 기초 개념부터 재생 에너지, 원자력과 수소 에너지까지 우리 청소년이 에너지에 관해 알아야 할 풍부한 내용이 담겨 있습니다. 그리고 기후 위기 시대에 무탄소 전원 중심의 에너지 시스템이 왜 필요

한지, 왜 정부와 기업 그리고 시민들이 함께 청정에너지 시스템 전환의 필요성을
공감하고 실천해 나가야 하는지 쉽게 이해할 수 있도록 잘 설명되어 있습니다.
청소년뿐만 아니라 모든 세대의 독자에게 건강한 지구를 위해 우리가 알아야 하
고 실천해야 할 일이 무엇인지 풍부한 생각거리를 안겨 줄 책으로 추천합니다.

이 책을 읽는 모든 독자가 자신의 삶 속에서 청정에너지 시스템으로의 전환을
실천하는 기후 시민으로 거듭나기를, 그래서 우리 지구가 직면한 기후 위기를
함께 극복해 나갈 수 있기를 기원합니다.

2024년 9월

에너지경제연구원 원장 김현제

기후 위기로 지구촌 곳곳이 몸살을 앓고 있습니다. 아니, 몸살 정도가 아니라 심각한 중증에 시달리고 있습니다. 우리나라를 비롯하여 유럽, 북미와 남미, 호주…… 전 세계 곳곳에서 기록적인 폭염과 폭우, 가뭄과 산불 등 기상 이변이 속출하고 있습니다. 역대 가장 더운 7월로 기록된 2023년 7월, 안토니우 구테흐스(Antonio Guterres) 유엔 사무총장은 "지구 온난화(glbal warming) 시대가 끝나고 이제 지구 열대화(global boiling) 시대가 시작되었다."라고 경고했습니다.

지구의 평균 기온이

1℃ 상승하면, 북극의 빙하가 녹는 속도가 빨라져 북극곰이 멸종 위기에 처한다고 합니다.

2℃ 상승하면, 그린란드 빙하가 녹아 바다에 인접한 도시들이 가라앉고, 폭염으로 인해 수십만 명의 열사병 사망자가 발생한다고 합니다.

3℃ 상승하면, 지구의 허파라 불리는 아마존 열대우림이 거의 파괴되고 가뭄으로 인해 거대한 화재가 발생할 것이라고 합니다.

4℃ 상승하면, 인류가 사용 가능한 물의 양이 30–50% 감소하고 식량난이 극심해질 것이라고 합니다. 또한 해안 침수로 연 3억 명 정도가 피해를 입을 것이라고 합니다.

5℃ 상승하면, 정글이 모두 불타고 가뭄과 홍수로 인해 인간이 거주할 수 있는 지역이 얼마 남지 않게 될 것이라고 합니다.

6℃ 상승하면, 지구상에 존재하는 거의 모든 생물이 멸종에 이를 것이라고 합니다.

과거에는 그냥 흘려 넘겼을 이러한 경고들이 그 어느 때보다 더욱 현실감 있게 다가오는 요즘입니다. 1850-1900년 대비 지구의 평균 기온은 이미 1.5℃ 이상 상승했고, 멸종 위기에 처한 북극곰 이야기는 현실이 되어 버렸습니다. 이 글을 쓰고 있는 2024년 8월 서울에는 열대야가 30일 넘게, 제주에는 40일 넘게 이어지고 있습니다.

필자는 우리나라 경제가 어렵던 1960년대 초반에 태어났습니다. 어릴 적 수제비나 감자가 아니라 하루 세끼 밥을 배불리 먹었으면 하고 바라던 때가 있었고, 학비 걱정하지 않고 학교를 다닐 수 있었으면 하던 학창 시절도 있었습니다. 그 당시에는 우리나라를 비롯해 산업화가 한창이던 세계 각국에서 경제 발전이 제일 우선시되었습니다. 지금도 경제 발전은 우리 삶에서 매우 중요시되지만, 그때는 경제 발전을 주도하는 국가를 위해 개인의 자유와 권리가 억압당하는 일도 많았습니다.

경제 발전을 최우선 가치로 내걸고 산업화·도시화의 길을 내달려 온 선진국들, 그리고 우리나라는 오늘날 물질적으로 매우 풍요로운 삶을 누리고 있습니다. 그러나 언제까지나 계속될 줄 알았던 그 풍요로움에 '기후 위기'라는 어두운 그림자가 드리우고 있습니다. 더 빨리 더 많이 생산하기 위해 깊은 땅속과 바닷속에서 마구 캐내 소비해 온 석탄과 석유, 천연가스 같은 화석 연료가 지구를 데우기 시작했고 인류는 지구 온난화를 넘어 지구 열대화 시대에 직면하게 되었지요.

저는 서울에너지공사에서 일하며 에너지에 대해 공부하면서 우리 인류가 '탄소 중립'과 '에너지 전환'이라는 기후 위기 시대의 과제를 어떻게 이루어 나갈 수 있을지 청소년들과 함께 생각을 나누고 싶다는 바람을 가지게 되었습니다. 화석 연료의 사용을 억제하고 신재생 에너지로 에너지 사용을 전환하는 일, 재생 에너지 사용 시의 간헐적 발전 문제를 해결하기 위해서 중앙 집중형 에너지 시스템을 분산 에너지 시스템으로 전환하는 일, 우리 각자가 기후 시민으로 거듭나야 하는 일…… 등 기후 위기를 극복하기 위해 기성세대와 미래세대가 함께 이루어 가야 할 일들에 대해 생각여행을 떠나고 싶었습니다.

이 같은 저의 바람이 실현될 수 있었던 것은 학생들을 지도하는 사람으로서 앞으로 청소년들이 살아갈 세상에 대하여 고민의 끈을 놓지 않고 살아가는 막내 동생 강정훈 선생이 이 책의 여정에 함께한 덕분입니다. 비록 나이는 열 살이나 차이가 나지만, 마음가짐이나 생각의 깊은 면을 보면 저보다 훨씬 나은 형님 같은 동생입니다. 다양한 청소년 도서를 펴낸 경험이 있는 강정훈 선생이 든든한 동반자가 되어 주었기에 함께 고민하고 의논하며 집필 작업을 마칠 수 있었습니다. 또한 난해한 글을 새로 쓰듯이 한 자 한 자 다듬어 주신 한나래출판사의 우정은 편집자께도 감사의 마음을 전합니다.

2023년 가을, 구순의 나이로 작고하신 아버님께 이 책을 바칩니다. 하늘에 계신 아버님께서 형제가 함께한 이 책을 기쁜 마음으로 바라보실 것이라고 믿습니다. 모든 분에게 다시 한 번 감사한 마음을 전합니다.

2024년 8월

저자 강신홍 드림

contents



# part 1 지금은 기후 위기의 시대

# part 2 에너지 전환, 지구를 살리는 변화의 움직임

# part 3 지구를 건강하게 만드는 사람들

part

# 1

# 지금은
# 기후 위기의 시대

# ch1 지구 환경이 변하고 있어요

지구 온난화, 기후 변화, 기후 위기라는 말은 다들 익히 들어 알고 있을 것입니다. 몇 년 전부터 뉴스를 비롯한 미디어에서 지구 환경의 변화가 심각한 지경에 이르렀음을 경고하며 더 자주 오르내리는 말들이지요. 그런데 여러분의 일상에서는 어떤가요? 기후 변화 혹은 기후 위기를 체감하고 있나요?

일상에서 우리는 "오늘 엄청 덥대. 몇 도까지 올라간대." 또는 "오늘 눈 오고 춥대. 영하 몇 도래." 같은 말을 자주 주고받습니다. 이처럼 맑거나 흐리거나 눈이 오거나 비가 오거나 하는 일기(日氣), 즉 그날그날의 기상(氣象, weather) 상태를 '날씨'라고 합니다. 우리는 날씨에 대한 정보를 기상청이 제공하는 일기 예보를 통해 얻지요. 날씨의 변화는 그날그날, 하루에도 시간대에 따라 다를 수 있기 때문에 사람들이 그 변화를 쉽게 알아차릴 수 있습니다.

한편, '기후(氣候)'란 기상(날씨)과 달리 여러 해(보통 30년 정도)에 걸쳐 어느 지역에 나타나는 날씨의 평균 상태를 말합니다. 비유하자면 날씨는 그때그때 상황에 따라서 변하는 사람의 기분과 같은 것이고, 기후는 환경이나 유전에 영향을 받아 형성되는 성격과 같은 것이지요. 흔히 기후를 이야기할 때는 "올 겨울은 평년보다 기온이 높고 따뜻할 것으로 예상된다." 혹은 "올 여름 전국 평균 기온이 평년보다 1°C 높았다." 하고 '평년 기온'을 기준 삼아 말하는데요, 평년 기온이란 과거 30년 동안의 기온을 조사해 평균값을 구한 것입니다.

사실 기후 변화, 기후 변화가 초래하는 지구 환경의 변화에 대해서는 꽤 오래전부터 전 세계적으로 논의되어 왔습니다. 그러나 기후 변화는 하루하루의 날씨(기상) 변화와 같이 일상생활에서 크게 체감할 수 없기 때문에 사람들이 잘 인지하지 못했던 것이지요. 아마도 여러분들도 그러했을 것입니다. 그런데 이처럼 서서히 진행되던 기후 변화가 오늘날 점점 급격해지면서 지구촌 곳곳에서 '기상 이변' 현상이 나타나고 있습니다. 기상 이변이란 평상시 기후의 수준을 크게 벗어나는 기상 현상을 일컫는데요, 세계기상기구(WMO, World Meteorology Organization)는 "정량적 통계 분석에 따라 기온과 강수량을 측정했을 때, 월평균 기온이나 월강수량이 30년에 1회 정도의 확률로 발생하는 기상 현상"을 기상 이변이라고 정의하고 있습니다.

오늘날 인류가 '기후 위기'에 직면했다고 말하는 것은 몇십 년 만에 한두 번 나타나던 이례적 현상인 기상 이변이 최근에는 매해 세계 여러 나라에서 발생하고 있기 때문입니다. 기상 이변으로 인해 한순간에 가족과 집, 일터를 잃고 삶이 무너져 버린 사람들의 소식이 지구촌 곳곳에서 들려오고 있지요. 2023년 9월 19일 제78차 유엔총회에서 안토니우 구테흐스(Antonio Guterres) 유엔 사무총장은 전 세계에서 일어나고 있는 폭염과 홍수, 산불 등 기상 이변을 언급하며 기후 위기를 악화시키는 "인류가 지옥문을 열었다."고 말했습니다. 그는 또한 기후 위기를 악화시키는 국가들과 화석 연료 산업을 강하게 비판하면서 "인류의 미래는 우리 손에 달려 있다. 적극적으로 행동하지 않는다면 산업화 시대 이전에 비해 지구의 온도가 2.8°C 높아지는 위험하고 불안정한 미래에 직면할 수밖에 없다."라고 경고했습니다.

# 일상이 되어 버린 기상 이변

2023년 7월 3일, 지구 평균 기온이 관측 역사상 최고 기록인 17.01°C를 기록하였습니다(미국 메인대학교 기후변화연구소 자료). 이전까지는 일일 기온으로 17°C를 넘은 적이 한 번도 없었는데요, 기후 학자들은 이 기록이 아마도 12만 5000년의 지구 역사에서 가장 높은 기록이라고 추측하였습니다.★ 실제 관측이 일어난 1850년 이후에도 지구 평균 기온이 17°C를 넘은 적은 없었습니다. 그런데 더 놀라운 사실은 이 기록이 하루 만에 깨졌다는 것입니다. 2023년 7월 4일, 지구 평균 기온은 17.18°C를 기록했습니다. 그리고 이틀 뒤인 7월 6일, 지구 평균 기온은 17.23°C를 기록해 연속적으로 사상 최고치를 세 번이나 경신하는 이변이 발생했습니다.

지구 평균 기온의 상승은 전 세계 곳곳에서 기록적인 폭염으로 이어지고 있습니다. 2023년 7월 16일, 중국 신장 위구르 자치구의 싼바오향의 기온이 52.2°C를 기록하며 중국 최고 기온을 경신했습니다. 또 미국의 애리조나 주 피닉스에서는 2023년 6월 30일부터 7월 30일까지 31일간 연속으로 낮 기온이 43°C를 넘어섰습니다.

서안 해양성 기후★★에 속하여 여름에 에어컨이 필요 없을 정도로 덥지 않은 유럽에도 폭염이 나타나고 있습니다. 2022년 7월 영국은 기상 관측을 시작한 이래 가장 높은 기온인 40.3°C를 기록했는데요, 이전에 한 번도 겪어 보지 못한

---

★ 우리가 살고 있는 지금이 '간빙기'로 이는 빙하기에서 빙기와 빙기 사이의 지구가 따뜻해지는 시기를 말합니다. 1만 2500년 전부터 간빙기가 시작되어 현재는 지구 기온이 낮아지는 후빙기(後氷期, postglacial stage)에 도래하였습니다.

★★ 서안 해양성 기후란 식생의 분포를 기준으로 기후를 구분하는 쾨펜의 기후 구분에서 온대 기후에 속하는 기후입니다. 주로 남북위 40°에서 60° 사이인 대륙의 서안에서 나타나는 기후로, 여름은 비교적 선선하고 겨울은 비교적 따뜻하며 연교차가 작습니다. 영국, 프랑스, 독일 등 대부분의 유럽 국가와 아프리카 일부 지역, 오스트레일리아 일부 지역 등이 이에 속합니다.

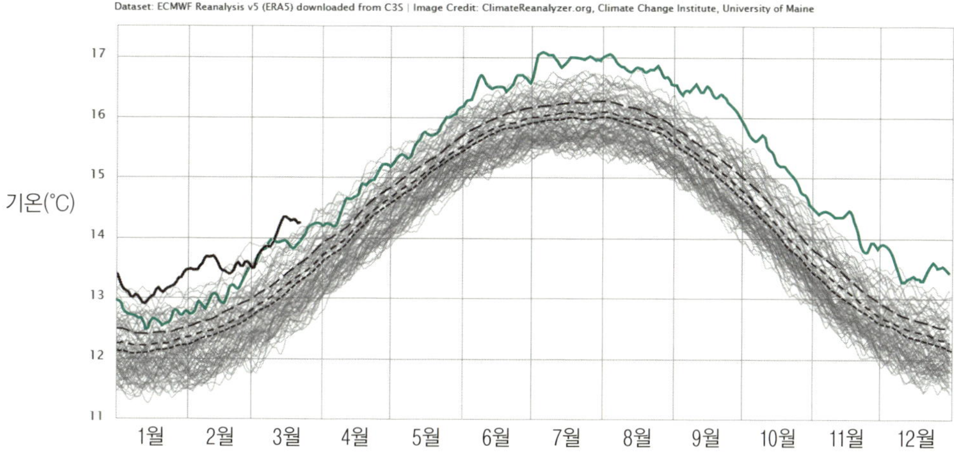


지구의 평균 기온을 매일 발표하는 메인대학교 기후변화연구소의 자료(2024년 3월)를 재구성한 그래프입니다. 포물선 모양의 회색 선들은 1979년부터 2022년까지 지구 평균 기온을 나타내고, 청록색 선은 2023년, 왼쪽의 검은색 선은 2024년의 평균 기온을 나타냅니다. 2023년 7월에 기온이 급격히 상승한 것을 알 수 있고, 전반적으로 매년 기온 상승이 이루어지는 것을 알 수 있습니다.

폭염으로 영국 사회는 혼란에 빠지게 되었습니다. 열사병에 걸린 사람들이 속출하고, 포장된 도로가 녹고 곳곳에서 철로가 휘었으며, 고압 전력선이 늘어져 전철 운행이 중단되기도 했습니다. 프랑스 파리 역시 40.1℃, 독일은 39.3℃, 스페인은 45.7℃, 포르투갈은 47.0℃를 기록했는데요, 바르셀로나 국제보건연구소(ISGlobal) 연구팀이 2023년 국제 학술지 〈네이처 메디신*Nature Medicine*〉에 발표한 내용에 따르면, 2022년 유럽에서 폭염으로 인한 사망자만 6만 1,672명에 이르는 것으로 추정된다고 합니다.

폭염과 함께 폭우도 지구촌 곳곳에서 증가하고 있습니다. 2022년 파키스탄은 3월 하순부터 40℃를 넘는 무더위가 나타나더니 급기야 5월에는 50℃가 넘는 지역이 나타났습니다. 6월 중순까지 진행된 폭염 때문에 정전 사태가 잇따르고, 더위를 견디지 못하고 죽는 사람이 속출했지요. 그런데 설상가상으로 폭염이 가라앉을 즈음 시작된 비가 폭우로 변해서 전 국토의 3분의 1이 잠겨 버리게 되었습니다. 이로 인해 집을 잃은 이재민이 3,300만 명, 사망자가 1,700여 명에 이르렀습니다. 더더욱 절망적인 것은 이러한 폭우 피해가 거의 매년 발생하고 있다는 점입니다. 2024년에도 파키스탄, 브라질, 인도네시아, 중국, 러시아 등지에서 폭우가 쏟아졌고 홍수와 산사태가 발생해 수많은 사람들이 집을 잃고 실종되거나 사망했습니다.

　세계 각지에서 산불 역시 증가하고 있습니다. 2023년 4월 말 캐나다 서부에서 산발적으로 시작된 불은 몇 개월째 꺼지지 않고 계속되었습니다. 급기야 캐나다 정부에서는 대규모로 확산되는 산불에 대응하기 위해 외국에 도움을 요청하기도 했는데요, 당시 한국을 비롯해 많은 나라에서 소방관들을 보냈지만 산불의 개수와 세기가 너무 강하여 캐나다 정부는 결국 모든 불을 끄는 것을 포기하였습니다. 그 대신 인명 피해가 예상되는 곳 위주로 진화 작업을 하거나 대피하는 것에 주력하였지요. 다음 페이지의 사진은 당시 실시간 공유되고 있던 캐나다의 산불 현황을 나타낸 것입니다. 산불 발생 이후 두 달 반이 지난 2023년 7월 26일 모습인데도 산불의 개수가 267건에 이르렀지요. 결국 이 산불은 9월이 되어서야 종료되었는데, 이때 산불로 소실된 면적이 남한 면적($10$만$km^2$)보다 큰 13만 $7,000km^2$에 달한다고 합니다.

　산불 또한 지구 온난화의 영향입니다. 숲에서는 온도가 높아지면 불을 피우는 데 필요한 발화점이 올라가서 불이 나기 쉬운 환경이 됩니다. 거기에 건조한 기후가 더해지면 더 쉽게 불이 나게 되지요. 산불이 더욱 위험한 것은 숲이 타면서 나무들이 저장하고 있던 탄소가 배출되어 대기 중 이산화탄소 농도가 증가하고, 지구 온난화가 더욱 가속화된다는 점입니다. 탄소 저장고 역할을 해 주던 숲이 파괴되면서 기후 변화의 악순환이 계속되는 것이지요. 기후 변화가 진행되면서 지구 곳곳의 산불은 더 많아지고 더 커지고 있습니다. 초대형 산불이 잇따

2023년 7월 26일 캐나다의 산불 상황(https://firesmoke.ca/)을 나타낸 것이에요. 동그라미 안의 숫자가 산불의 개수를 의미합니다.

르면서 신속한 진화가 점점 어려워지고 있지요. 2019년 호주에서 발생했던 산불도 무려 6개월간 이어졌고 호주 전체 면적의 약 14%가 불에 탔습니다. 당시 사라진 숲만 한반도 면적의 85%에 이르고, 약 12억 마리 이상의 동물이 죽었을 것으로 추정되고 있습니다. 미 서부 지역도 건조한 기후와 지구 온난화로 인한 기온 상승으로 대형 산불이 잇따르는 곳인데요, 캘리포니아 주에서 발생한 역대 최대 규모 산불 중 약 80%가 최근 10년간 발생했다고 합니다.

## 한국도 안전하지 않아요!

한반도에 사는 우리는 앞에서 예로 든 경우처럼 50°C에 가까운 폭염이나 몇 개월간 산불이 지속되는 극적인 기상 이변 상황을 겪어 본 적이 없습니다. 그래서일까요, 많은 사람들이 아직 기후 변화의 위험을 심각하게 인식하지 못하는 것 같습니다. 게다가 한반도는 본래 연교차(가장 더운 달과 가장 추운 달의 평균 기온 차이)가 매우 큰 지역이어서 아주 더운 날과 추운 날에 대한 대비가 비교적 잘되어 있고, 큰 기온차를 별문제 아니라고 생각하는 사람들이 많지요.

그러나 조금만 관심을 기울여 살펴보면, 우리가 살고 있는 한반도 역시 기후 변화가 빠르게 진행되고 있음을 알 수 있습니다. 2020년 1월은 겨울철 평균 기온이 3.1°C로 전국 단위 기상 관측 역사상 가장 따뜻한 1월이었으며, 5월부터 무더워져 6월에는 폭염이 찾아왔고, 6월부터 시작된 장마는 역대 가장 긴 기간 동안 이어지다가(중부 지방 54일, 제주 지방 49일) 8월에는 전국 곳곳에 폭우가 쏟아졌습니다. 당시에 특히 전라도, 충청도, 경상도 지역의 피해가 컸는데요, 전남 구례군의 경우 수자원공사가 댐 방류량을 조절하는 데 실패하여 읍내 전체가 물에 잠기고 1,000명이 넘는 이재민이 발생했습니다.

다음의 원형 그래프는 우리나라 계절의 길이 변화를 나타낸 것입니다. 1900년대 초중반에는 겨울이 109일로 거의 4개월 가까이 되었지만 2000년대

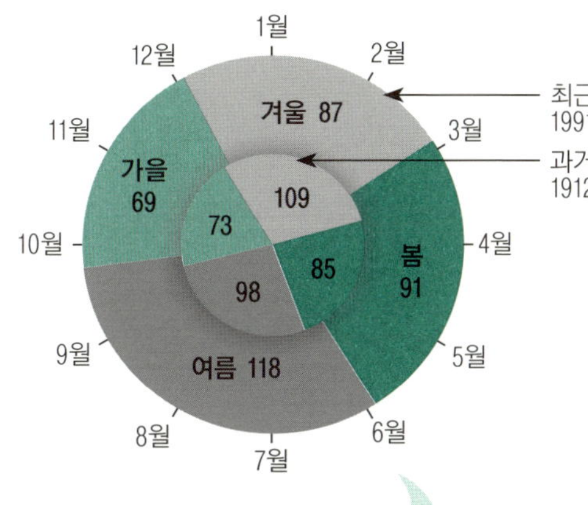





에 들어와서는 87일로 22일이 줄어든 반면, 여름은 98일에서 118일로 20일이나 늘어났습니다. 더 심각한 점은 10여 년 만에 겨울은 7일이 줄어들고 여름은 4일이 늘어났다는 점입니다. 가속도가 매우 빠르지요.★

2022년에는 6월 초반까지 강수량이 평년의 절반에 불과할 정도로 가물어 식수와 농업용수 부족 사태를 겪었는데요, 8월에는 서울과 수도권에 폭우가 집중되어 큰 피해를 입었습니다. 당시 8월 8일 서울의 강수량은 381.5mm였는데, 이는 우리나라 기상 관측 사상 하루 동안 내린 비의 최대치였다고 합니다.

비교적 최근의 몇몇 사례를 들었지만, 사실 이 같은 한반도의 기상 이변 현상은 꽤 오래전부터 나타났습니다. 환경부가 펴낸 〈한국 기후변화 평가 보고서 2020〉을 보면, 20여 년 전부터 거의 매년 폭염, 한파, 가뭄, 집중 호우, 태풍 등 기상 이변 현상이 기록되어 있습니다. 전반적으로 한반도에 무더위가 찾아오는 시기가 점점 앞당겨지고 있는데요, 5월부터 기온이 올라 봄철의 가뭄 현상이 심해지고 그로 인해 산불이 더욱 자주 발생하고 있습니다. 강원도 지역의 산불은

★ 계절은 어떠한 기준으로 구분할까요? 우리나라는 여름 시작일의 기준을 '일평균 기온이 20°C 이상 올라간 후 다시 떨어지지 않은 첫날'로 삼습니다. 가을은 '일평균 기온이 20°C 미만으로 떨어진 후 다시 올라가지 않은 첫날'로 삼고요. 이에 따라 봄(3-5월), 여름(6-8월), 가을(9-11월), 겨울(12월-이듬해 2월) 3개월 단위로 일반적으로 구분해 왔는데요, 기후 변화로 아열대화가 급격히 진행되어 여름은 점점 길어지고 겨울은 점점 짧아지면서 이러한 구분을 수정해야 할 필요성이 커지고 있습니다. 실제로 기상청은 전문가들과의 논의를 거쳐 이러한 작업을 추진할 계획이라고 합니다.

2022년 8월 물폭탄 같은 비로 물에 잠긴 서울의 모습이에요. 강남구, 서초구, 구로구 등 저지대 인근 침수로 교통이 마비되고 지하철이 운행 중단되는 등 큰 혼란을 겪었지요.

매년 봄 반복되어 지역 주민들의 삶의 터전과 일자리 등을 앗아 가고 있지요. 또한 여름에는 폭염과 열대야의 지속 기간이 길어지고 '물폭탄'이라 불릴 정도의 폭우가 잦아지고 있습니다.

기후 전문가들은 앞으로 한반도의 평균 기온이 계속 상승하고 아열대화가 진행되어 이러한 현상이 갈수록 심화될 것이라고 경고합니다. 가물었던 곳은 더 가물고, 한 번에 많은 양의 비가 집중적으로 내리는 폭우는 더 잦아지고, 태풍의 강도는 더욱 세질 것이라고 하니 늘어날 농작물 피해와 인명 피해 등을 생각하면 두렵습니다. 폭염과 가뭄으로 논밭의 작물이 말라 죽고 가축과 어패류가 폐사하고, 잦은 산불과 산사태로 도로와 주거지가 무너지는 일 등이 잇따라 많은 이들의 삶이 무너지고 사회적으로 큰 혼란을 겪게 될 것입니다. 본래 우리나라는 봄에는 가물고 여름에는 비가 많이 와서 댐 설비 등이 잘 갖추어진 편이지만, 앞으로 점점 심해질 기상 이변 현상은 사람들이 예측하고 대비하기 힘든 상황이라는 점이 문제입니다.

# 기후 변화의 무서운 연결 고리

오늘날 지구 평균 기온이 상승하고 온난화가 가속화되면서 바다의 온도 또한 높아지고 해수면이 상승하고 있습니다. 바닷물의 온도가 상승하면 공기 중의 이산화탄소가 물에 녹기 어려워지기 때문에 바다의 이산화탄소 흡수량이 줄어듭니다. 그러면 이산화탄소를 흡수하지 못한 해조류나 산호 등이 죽게 되고 바다 생태계가 파괴되지요. 또한 바닷물의 온도가 높아지면 구름에 공급되는 수증기 양이 늘어나 강수량이 많아지고, 이는 결국 바다의 염도(소금기의 정도)를 낮추어 햇볕을 조금만 받아도 바다의 수온이 더 빨리 상승하게 되고 바다 생태계에 악영향을 끼치는 악순환이 반복되게 됩니다. 아울러 바닷물의 온도가 상승하면 많은 양의 수증기가 바닷물에서 나와 대기로 유입되고 폭우, 폭설, 태풍 등 기상 이변 현상이 더 자주 발생할 수 있습니다. 특히 바닷물을 에너지원으로 하는 태풍의 경우 그 위력이 더욱 강해질 수 있지요.

기후 변화로 인한 자연 재해는 해마다 증가하고 있고 수많은 인명 피해와 재산 피해를 낳고 있습니다. 앞 절에서 예로 든 세계 각국의 피해 사례가 이러한 현실을 보여 줍니다. 기상 이변으로 인한 재해성 피해가 계속되면 결국 지구 생태계의 균형이 깨지고 새로운 환경에 적응하지 못하는 생물들은 멸종 위기에 처하게 됩니다. 땅과 바다의 황폐화는 농업과 어업 등에 타격을 입히고 식량 부족 사태를 불러오게 됩니다. 유엔 세계식량계획(WFP, World Food Program)의 한 조사에 따르면, 지구 평균 기온이 2°C 상승하면 식량 부족 문제를 겪는 인구가 전 세계에서 약 1억 8,900만 명 늘어날 것이라고 합니다. 식량 위기가 심각해지면 생계가 막막해진 사람들은 삶의 터전을 잃고 기후 난민으로 전락하게 됩니다. 지금도 중동, 아프리카, 남아메리카 등지에서 수많은 기후 난민들이 자국을 떠나 유럽과 미국의 국경을 넘고 있습니다. 그 과정에서 여러 위험에 처하고 목숨을 잃는 사람들도 생겨나고 있지요. 전 세계적으로 식량 부족 문제가 심각해

지면 식량 가격은 폭등
하고 각국은 자국 이기
주의를 강화하게 될 것
입니다. 국가 간 갈등,
사회 혼란이 증폭되어
무력 충돌로 번질 수 있
지요. 이런 경우, 우리
나라와 같이 식량 자급
률이 낮은 국가는 더더
욱 위험에 처하게 될 텐
데요. 밀, 옥수수 등 대
부분의 먹거리를 수입
하는 우리나라의 식량

자급률은 쌀을 제외하면 10%에도 못 미치는 상황입니다.

이처럼 기후 변화가 일으키는 위기 상황은 하나의 현상이 또 다른 현상을
낳고 낳는 연쇄적 반응으로 이어집니다. 미세먼지와 같은 대기오염 물질은 시간
이 지나면 사라지지만, 지구 온난화를 일으키는 이산화탄소와 메탄 등은 대기
중에 계속 축적됩니다. 오늘날 지구촌 곳곳에서 발생하는 온갖 기상 이변은 산
업혁명 이후 계속 축적되어 온 이산화탄소와 메탄 등이 지구 생태계가 감당할
수 없을 만큼 쌓여 나타나는 결과입니다. 보통 어떠한 원인으로 인한 환경 변화
문제는 우리 눈에 보이게 바로 나타나는 것이 아니라 얼마간의 시간이 지나 나
타나기 마련인데요, 특히 기후 변화의 결과는 시간이 지나 나타나는 시간 지체
현상이 매우 큽니다. 즉 문제가 발생한 시점과 그 문제를 문제로 인식하게 되는
시점 간에 차이가 매우 크지요. 어쩌면 이러한 특성 때문에 그동안 인류는 문제
의 심각성을 깨닫지 못하고 기후 변화 문제에 태만하게 임해 왔는데요, 이제는

그 결과들이 계속해서 나타날 수밖에 없는 시기에 다다랐습니다. 이에 기후학자나 생태학자와 같은 많은 전문가들은 지금과 같은 속도로 기후 변화가 계속된다면 결국 지구상에 존재하는 생물의 대규모 멸종을 불러올 수밖에 없다고 전망하며, 지금 당장 전 세계가 기후 변화의 속도를 늦출 수 있는 모든 행동을 시작해야 한다고 말합니다.

## 기후 위기는 곧 생태계 위기

지구의 역사를 살펴보면, 약 45억 년 전 지구에 생명체가 탄생한 이후 지금까지 생물들이 다섯 차례의 대멸종을 겪었다고 합니다.★ 2021년 하버드대학교를 중심으로 한 공동 연구팀은 지구에서 일어난 다섯 차례의 생물 대멸종 사건 중 3차와 4차의 원인은 급격한 기후 변화라고 밝혔습니다. 이들은 3차와 4차 대멸종기 전후에 생겨나고 사라진 125종의 동물 화석 약 1,000개와 당시의 기후 상황을 시뮬레이션해 분석해 이러한 결과를 발표했는데요, 연구를 이끈 하버드대학교의 스테파니 피어스(Stephanie Pierce) 교수는 "급격한 기후 변화는 기존 생물종을 없애고 새로운 생물종을 나타나게 한다. …… 기후 변화의 근본적 원인을 제거하지 않으면 인류가 6차 대멸종의 대상이 될 수 있다."라고 말했습니다.

　지구 온난화에 대한 지금까지 연구에 따르면, 지구의 평균 기온이 2°C 상승하면 지구상에 존재하는 생물종의 약 15-40%가 멸종에 처할 수 있다고 합니다. 실제로 기후 변화로 인한 생물의 멸종은 오래전부터 이미 진행되고 있습니

---

★　미국 하버드대학교, 하버드 비교동물학박물관, 노스캐롤라이나 주립대학교, 노스캐롤라이나 자연사박물관, 캐나다 앨버타대학교 공동 연구팀은 지구 역사상 다섯 차례의 생물 대멸종에서 3차와 4차 대멸종의 원인은 급격한 기후 변화로 추정된다고 밝혔습니다. 2억 5000만 년 전 고생대 페름기 말에 발생한 3차 대멸종 때는 전체 생물종의 95%, 2억 년 전 중생대 트라이아스기 말에 발생한 4차 대멸종 때는 전체 생물종의 80%가 사라졌다고 합니다. 이러한 연구 결과는 2022년 8월 국제 학술지 〈사이언스 어드밴시스 *Science Advances*〉에 실렸습니다.

| 구분 | +1.5℃ | +2℃ |
| --- | --- | --- |
| 해수면 | 0.26–0.77m 상승 | 0.3–0.93m 상승 |
| 산호초 | 70–90% 소멸 | 99% 소멸 |
| 생물종<br>(특정 생물종이 절반 이상<br>사라질 비율) | 곤충 6%, 식물 8%,<br>척주동물 4% | 곤충 18%, 식물 16%,<br>척추동물 8% |
| 어획량 | 150만t 감소 | 300만t 감소 |
| 육지 생태계 변화율 | 약 6.5% | 약 13% |



다. 2010년에 발표된 유엔 생물다양성협약(UNCBD) 보고서에 따르면, 기후 변화로 1970년에서 2006년 사이에 지구 생물종의 약 31%가 사라졌다고 하는데요, 이는 매년 2만 5,000종에서 5만 종의 생물이 멸종한 것과 같다고 하니 실로 놀라운 수치입니다. 우리가 잘 몰랐던, 우리 눈에 잘 띄지 않았던 생물들, 그러나 지구상에 존재했던 수많은 생명들이 사라져 가고 있는 것입니다. 위의 표는 기후 변화에 관한 정부 간 협의체(IPCC, Intergovernmental Panel on Climate Change)가 2018년 〈지구 온난화 1.5도 특별보고서〉에 발표한 내용 중 일부로 산업화 이전(1850-1900년 평균) 대비 지구 생태계의 변화를 추정한 것인데요, 지구의 어두운 미래를 보여 주는 이 수치들이 현실화되지 않기를 바랄 뿐입니다.

2018년 국제학술지 〈커런트 바이올로지 *Current Biology*〉에 실린 푸른바다거북의 이야기는 기후 변화가 생태계에 얼마나 큰 불균형을 일으키는지를 보여 줍니다. 호주 대산호초(그레이트배리어리프) 북부에서 부화한 푸른바다거북 가운데 거의 성체에 이른 개체들을 검사한 결과 99.8%가 암컷으로 나타났는데요, 이는 부화할 때 주변 온도에 따라서 암수가 결정되는 몇몇 파충류들이 지닌 특성 때문이라고 합니다. 어미 푸른바다거북은 모래 해변에 구덩이를 파고 알을 낳은 후 다시 모래로 덮어 놓는데, 알이 부화하는 동안의 모래 온도가 태어날 새끼의 성별을 결정합니다. 온도가 높을수록 암컷이 많이 태어나는데 성별을 가르는 온도 차는 불과 몇 도에 불과하지요. 일반적으로 부화 시 주변 온도가 27.7°C 이하이면 수컷, 31°C 이상이면 암컷이 되며 그 사이 온도에서는 암컷과 수컷이 모두 나올 수 있다고 하는데요, 최근 몇 년간의 조사에 따르면 암컷이 약 99%에 이를 정도로 성비의 불균형이 심각해지고 있습니다. 푸른바다거북은 인간의 무분별한 불법 포획, 해양 오염, 서식지 파괴 등으로 멸종위기종에 선정된 생물이지만, 지구 온난화가 이를 더욱 부추기고 있는 것이지요.

## 경제 위기와 질병 위기까지

기후 변화로 인한 경제적 피해도 엄청납니다. 유엔 세계기상기구(WMO, World Meteorological Organization)가 이를 추정한 연구에 따르면, 지난 반세기 동안 전 세계적으로 약 1만 2,000건 이상의 기후 변화 현상으로 200만 명이 사망하고 4조 3,000억 달러의 경제적 피해가 발생했다고 합니다. 이는 우리나라의 현재(2023년 10월 기준) 환율로 따지면 5,800조라는 어마어마한 액수에 달하는 경제적 피해입니다.

유엔 세계기상기구(WMO)는 또한 지구 온난화가 홍수, 태풍, 폭염, 가뭄 등의 극단적인 기상 이변 현상을 증가시켰으며, 이러한 기후 재난은 가난한 나라에 훨씬 더 가혹한 피해를 입혔다고 발표했습니다. 1970-2021년 사이 기상 이변으로 인한 사망자 10명 가운데 9명이 개발도상국에서 발생했다고 하는데요, 선진국에 비해 재난대응 대책이나 보건의료 체재, 사회적 제반 시설 등이 열악하다 보니 피해 규모가 더 큰 안타까운 현실입니다.

한편, 신종 코로나바이러스 감염증(코로나19)이 처음 발생한 2019년부터

2020년까지 1년 동안 세계 경제는 3조 8,000억 달러의 손실을 입었으며, 전 세계에서 1억 4,700만 명이 일자리를 잃었다는 연구 결과★가 발표되었습니다. 이러한 경제적 손실은 각국의 봉쇄 조치로 국제 무역이 타격을 입고, 여행객 감소와 일자리 감소가 반영된 결과인데요, 아이러니하게도 이 시기에 세계는 '사상 최대 규모의 온실가스 배출 감소'라는 의외의 소득을 얻었다고 합니다.★★ 물론 코로나19로 인한 피해 규모와 기후 위기로 인한 피해 규모를 직접 비교하는 것은 불가할 것입니다. 다만 코로나19와 같은 위기는 시간이 지나면서 진정되다가 소멸될 수 있겠지만, 기후 변화로 인한 경제적 피해는 앞으로도 계속 증가할 것으로 예측되며 전 세계가 힘을 합쳐 탄소 배출을 줄이고 지구 온난화를 막지 못한다면 기하급수적으로 증가할 가능성이 큽니다.

기후 변화가 질병 확산에 미치는 영향 또한 큽니다. 2022년 8월 미국 하와이대학교 연구팀은 질병이 확산되는 1,006가지 경로를 검토한 결과, 인류에게 영향을 주는 질병 375개 중 218개(58%)가 기후 위기로 악화되는 것을 확인했다고 〈네이처 기후변화 *Nature Climate Change*〉에 발표했습니다. 예를 들면 지구 온난화로 생태계가 파괴되면서 식량과 서식지를 잃은 야생동물들과 사람들이 접촉할 확률이 높아지고 말라리아, 에볼라, 라임병 등에 감염될 위험성이 높아질 수 있습니다. 또한 기상 이변으로 인한 자연재해가 커지면서 열악한 위생 시설에 처하게 되고 전염병이 확산될 위험도 높아지기 마련이지요.

인류 역사를 돌아보면 전염병, 전쟁, 금융위기와 같은 여러 위기가 있었고 그때마다 인류는 큰 피해를 겪으면서도 잘 극복해 왔습니다. 그러나 무서운 것

---

★　미국 CNBC의 2020년 12월 보도 내용입니다.

★★　코로나19로 인한 전 세계적인 봉쇄 때문에 이전에 예상한 온실가스 증가분보다 2.5Gt(기가톤)의 온실가스 배출이 감소하였는데, 이는 전체 온실가스의 약 4.6%가 감소한 것입니다. 온실가스뿐만 아니라 미세먼지는 PM2.5(입자가 $2.5\mu$m 이하의 초미세먼지)의 경우 약 3.8% 감소했으며, 화석 연료를 태울 때 나오는 이산화황은 약 2.9% 감소하였다고 합니다.

은 기후 변화가 초래할 인류의 위기는 어느 한계점을 넘어서면 회복 불가능한 위험으로 치달을 수 있다는 점입니다. 오늘날 지구촌 곳곳에서 증가하고 있는 기상 이변 현상들은 이러한 위기를 경고하는 징조라고 볼 수 있습니다.

 **'그린 스완'의 위험**

1697년 호주에서 검은색 백조가 발견되면서 '백조는 모두 하얗다'라는 고정관념에 사로잡혀 있던 사람들을 깜짝 놀라게 했습니다. 이후 블랙 스완(black swan)은 '도저히 일어나지 않을 것 같은 일이 실제로 일어나는 경우'를 이르는 말로 쓰이게 되었지요. 그리고 2007년 미국의 경제학자 니콜라스 탈레브(Nicholas Taleb)가 자신의 책 《블랙 스완*black swan*》에서 이 용어를 '발생 가능성이 매우 낮지만 일어나면 예상치 못한 큰 사회적 경제적 충격과 파급효과를 일으키는 경우'로 서술하면서 경제 분야에서 널리 쓰이게 되었는데요, 2001년 미국의 9.11 테러나 2008년 금융위기 등을 블랙 스완의 예로 들 수 있습니다.

그런데 최근에는 '그린 스완(green swan)'이라는 용어가 등장하게 되었습니다. 이는 2020년 1월 국제결제은행(BIS) 보고서에서 처음 사용된 용어로 기후 변화로 인한 환경오염, 기상 이변과 같은 요소가 일으킬 수 있는 경제·금융 위기를 뜻합니다. 즉 기후 변화와 그로 인한 생태계 파괴, 기상 이변 등은 기업에 재정적 손실을 안겨 주고 생산성 저하, 이미지 손상 등 부정적 영향을 끼칠 수 있는데요, 그린 스완은 이러한 위기가 커져서 결국 전체 경제·금융 시장의 안전성이 흔들리게 되는 현상을 나타내는 것입니다. 그린 스완의 대표적 사례로는 코로나19를 들 수 있습니다. 당시 기업의 공장이 가동을 멈추고 유통이 중단되는 등 경제적 손실 또한 전 세계적으로 매우 컸지요. 또한 2021년 2월 미국 텍사스에 불어 닥친 기상 이변 역시 그린 스완의 한 예입니다. 갑작스런 폭풍으로 대규모 정전 사태가 발생했고, 3일간 전력 공급이 중단되었던 삼성전자 텍사스 공장은 4,000억에 달하는 재정적 손실을 입었다고 합니다.

# 나와 너, 우리 모두의 문제

기후 변화는 생태계 위기와 자연재해를 불러오고, 그것은 다시 경제 위기와 질병 위기, 무력 충돌의 위기로 이어집니다. 이러한 총체적 기후 위기 상황이 언제 어디에, 어떠한 강도로 닥칠지 그 시기와 피해 정도 등에서 차이가 있을 수는 있지만, 결국 지구에 사는 우리 인류는 서로서로 연결되어 있는 존재이기 때문에 영향을 주고받을 수밖에 없습니다. '내가 사는 지역은 기후 변화와 큰 상관없어. 우리나라는 아직 괜찮아.'라는 생각, '환경도 중요하지만 먹고사는 게 먼저지. 경제가 발전해야 환경도 돌볼 수 있어.'라는 생각은 안일하고 이기주의적인 것입니다. 지금까지 인류는 경제 발전을 최우선 목표로 삼고 자연을 마음껏 부려 왔습니다. 나무를 거침없이 베고 산을 마구잡이로 깎아 길을 내면서 온갖 건물을 지어 왔습니다. 화석 연료를 펑펑 쓰며 발전소와 공장을 돌리고, 자동차와 비행기를 타고, 다양한 용도로 전기를 이용하면서 편리를 누리며 환경오염 물질을 배출해 왔습니다.

기후 위기는 나의 문제, 현재의 문제가 아니라는 생각에서 벗어나 우리 모두가 지구 공동체의 구성원임을 인식하고 기후 변화 문제에 관심을 가지고 책임 있게 행동해야 합니다. 오늘도 우리가 생산하고 소비하는 모든 활동, 먹고 마시고 쉬고 일하는 활동으로 인해 지구의 온도는 올라가고 있고 북극의 빙하는 녹고 있습니다. 바닷물은 따뜻해지고 해수면은 높아지고 있으며 그로 인해 멸종 위기에 처하는 육지와 바다 생태계의 생물들, 거주할 곳과 해야 할 일을 잃어 버리는 사람들이 늘어나고 있습니다.

청소년 독자라면 조금 억울하다는 생각을 할 수도 있겠습니다. 여러분은 아직 경제 활동의 주체가 아니니까요. 물론, 어른들의 책임이 큽니다. 그러나 여러분이 생활 속에서 누리는 온갖 편리 뒤에는 자연에 빚진 인간의 경제 활동이 있습니다. 여러분들이 편리하게 사용하는 스마트폰, 컴퓨터와 같은 다양한 전기제품, 입고 다니는 옷, 타고 다니는 교통수단, 먹는 음식까지 거의 대부분이 이러한 경제 활동과 관계되어 있는데요, 기후 변화가 더욱 심각해져 지구 환경이 회복될 수 없는 단계에 이르면 지금 우리가 누리고 있는 삶의 편리함과 풍요로움은 사라지고 우리는 생존 위기에 직면하게 될 것입니다. 그러므로 저희와 여러분, 어른과 청소년 모두 기후 변화에 관심을 가지고 지구와 함께 공생할 수 있는 방법이 무엇일지 고민하여야 합니다. 환경 정책을 세우는 정부가 올바른 정책을 세우고 실천하는지, 경제 활동의 주체가 되는 기업이 친환경적인 생산 환경을 조성하기 위해 힘쓰는지 눈여겨보고 그러지 않을 때에는 요구하여야 합니다. 아울러 지구 환경을 위해 내가 생활 속에서 할 수 있는 일이 무엇인지 생각해 보고 크든 작든 실천해 보아야 합니다.

이 책 역시 '기후 변화가 심각한 이때에 내가 할 수 있는 일은 무엇이 있을까?'라는 저희의 고민에서 시작되었습니다. 기후 변화에 대한 좋은 책들이 이미 많이 있지만, 아직도 일상의 우리들은 기후 변화를 나와 너, 우리의 문제로 받아들이지 못하고 있는 것 같습니다. 이 책이 저희와 여러분에게 기후 변화가 나의 문제, 지구 공동체의 구성원으로서 내가 책임감을 가지고 생각해 보아야 할 문제로 받아들이는 계기가 되길 바랍니다. 나아가 앞으로는 기후 위기에서 벗어나 지구와 건강하게 공생하는 시대가 되어야 할 텐데요, 지구와 공생할 수 있는 방법으로 꼽히는 '에너지 전환'에 대하여 꼼꼼히 살펴보고, 우리가 생활 속에서 함께 실천할 수 있는 일들을 고민해 보면 좋겠습니다.

# 기후 정의, 불평등한 기후 변화의 피해자들을 보라!

"기후 변화는 지금 우리 모두에게 일어나고 있다. 어떤 나라도 어떤 집단도 피해 갈 수 없다. 그리고 늘 그래 왔듯이, 가난하고 취약한 사람들이 가장 먼저 고통받고 최악의 피해를 당한다." 유엔 사무총장 안토니우 구테흐스의 말처럼 기후 변화는 지구에 사는 우리 모두의 

문제이지만 평등하게 나타나지 않습니다. 기후 변화로 전 세계 모든 이들이 피해를 받지만 피해 수준은 저마다 다릅니다. 각국의 지리적 위치나 자연환경, 경제적 상황과 사회제반시설 정도 등에 따라 큰 차이가 나타나지요. 이처럼 불평등한 상황에 문제를 제기하고 해결 방안을 찾기 위해 등장한 개념이 바로 기후 정의입니다. '기후 정의(climate justice)'란 기후 변화에 책임이 큰 국가와 기후 변화로 인한 피해가 큰 국가가 일치하지 않기 때문에 온실가스를 더 많이 배출한 국가가 더 큰 책임을 져야 한다는 의미를 담고 있습니다.

2020년 국가별 온실가스 배출량을 보면 중국이 1위로 전 세계 배출량(348억 7,25만t)의 30.6%(106억 6,7,88만t)를 차지합니다. 이어서 미국(13.5%), 유럽연합(7.5%), 인도(7%), 러시아(4.5%), 일본(3%) ······ 순이며, 한국(1.7%)은 10위입니다. 이러한 결과를 기준으로 기후 변화에 대한 책임의 무게를 따지면 중국의 책임이 가장 크다고 볼 수 있지요.

그러나 한창 경제 성장에 박차를 가하고 있는 중국이나 인도 등은 산업화 이후 이산화탄소 누적 배출량을 근거로 '기후 변화 대응에 가장 중요한 것은 선진국이 개발도상국에 기후 변화 대응 재원을 지원하는 일'이라고 반박합니다. 이산화탄소는 한 번 배출되면 100년에서 300년 정도 길게는 1000년 이상 대기 중에 머무른다고 하는데요, 1차 산업혁명이 시작될 무렵인 1750년부터 2021년까지 전 세계 이산화탄소 누적 배출량을 살펴보면, 미국이 1위로 전체 배출량의 29.24%를 차지하고, 유럽연합이 2위(20.32%), 중국은 3위(17.28%)입니다. 대륙별로는 선진국이 모여 있는 유럽(30.93%)과 북아메리카(27.88%)의 누적 배출량 비중이 전 세계 누적 배출량의 절반을 넘는(58.81%) 반면 아프리카의 누적 배출량은 2.83%에 불과하지요[자료: 아워월드인데이터(Our World in Data)].

결론적으로, 오늘날 기후 위기에 대한 가장 큰 책임은 200여 년 전부터 화석 연료를 이용해 산업화와 경제 성장을 이룬 선진국, 부자 나라들에 있다고 볼 수 있습니다. 그러나 지구 온난화의 가장 큰 피해를 보는 나라들은 온실가스를 거의 배출하지 않는 아프리카, 중남미, 아시아의 가난한 나라들, 남태평양의 섬나라 등이지요. 그들 중 많은 나라가 과거 선진국들의 식민 지배하에서 자원을 착취당하고 자립 발전의 기회를 잃었던 곳입니다. 그 나라들은 오늘날 지리적 위치, 자연환경, 경제적 상황 때문에 기후 변화에 더 취약한데요, 그곳에 사는 사람들은 극심한 가뭄이나 해수면 상승으로 식량 생산이 불가해지고, 태풍이나 홍수로 모든 것을 잃어 '기후 난민'으로 내몰리고 있습니다.

전 세계 온실가스 배출량의 1%도 차지하지 않는 파키스탄에는 폭염, 가뭄, 홍수, 폭우 등 기상 이변 현상이 거의 매년 나타나고 있습니다. 2022년 6월 50℃에 달하는 폭염 뒤 찾아온 몬순성 폭우로 국토의 3분의 1이 물에 잠기고 3,300만 명 이상의 수재민이 발생했으며, 1,300명에 달하는 사람이 사망했다고 합니다.
당시 파키스탄 기후변화부 장관인 셰리 레흐만(Sherry Rehman)은 "기후 변화를 일으킨 부유한 국가들이 홍수 피해를 입은 파키스탄에 배상해야 한다. …… 무자비한 기후 재앙에 전 세계 탄소 배출량 목표와 배상금을 재고해야 한다."라고 말했습니다.

따라서 선진국들은 심각한 기상 이변에 고통당하고 있는 저소득 국가들이 기후 위기에 대응하는 기반 시설을 갖추고 회복할 수 있도록 장기적으로 지원해야 합니다. 또한 개발도상국들이 화석 연료를 대체할 에너지 자원을 찾고 경제 성장을 이루어 나갈 수 있도록 도와야 하지요. 2022년 제27차 유엔기후변화협약(UNFCCC) 당사국총회(COP27)에서 기후 변화에 취약한 국가를 지원하는 기금 설립에 대한 합의가 이루어졌고 COP28에서 기금이 정식 출범했다고 하는데요, 이러한 활동이 신속히 이행되고 확대되어 실질적 성과를 거두기를 바랍니다.

기후 변화의 피해는 한 국가와 사회 안에서도 인종과 성별, 직업군, 고소득층과 저소득층, 비장애인과 장애인 등 사회 계층에 따라 다르게 나타납니다. 따라서 기후 변화를 환경 문제를 넘어 사회 문제로 바라보고 '기후 정의'의 가치를 사회 구성원들이 함께 고민해야 하지요. 국제 환경단체 옥스팜(Oxfam)과 스톡홀름 환경연구소(SEI)가 1990년부터 2015년까지 소득 계층별로 소비 활동과 생활 습관 등을 통해 배출된 이산화탄소 양을 비교한 결과를 발표했는데요, 전 세계에서 가장 부유한 상위 10%(6억 3,000만 명)에 속하는 사람들의 이산화탄소 배출량이 전 세계 이산화탄소 배출량의 52%를 차지하며, 하위 50%(31억 명)에 속하는 사람들의 이산화탄소 배출량은 전 세계 배출량의 7%에 불과한 것으로 나타났습니다. 따라서 사회적으로 기후 변화에 취약할 수밖에 없는 계층을 보호하기 위한 정책이 필요하며, 에너지 정책과 환경 관련 세금 정책 등을 만들 때 기후 변화 부담을 공평하게 분배하기 위한 세밀한 계획이 필요하지요.

우리나라에서도 온실가스 감축 목표를 달성하기 위해 산업 구조를 전환하는 과정에서 피해를 볼 수 있는 이들을 고려한 '정의로운 전환'에 대한 논의가 이루어지고 있습니다.
탄소중립기본법 제7장에서 기후 위기에 취약한 계층의 현황과 일자리 감소, 지역 경제 현황 등을 파악해 지원하도록 규정하고 있는데요, 이러한 지원이 실제로 잘 행해지는지 우리 함께 관심을 가지고 지켜볼까요?

한편, 기후 변화에 대응하는 과정에서 피해를 입을 수 있는 이들에 대한 기후 정의 또한 고려되어야 합니다. 유럽연합이 제정한 유럽 기후법(European Climate Law)에는 '기후 중립*을 위해 정의롭고 사회적으로 공정한 전환(Just and Socially Fair Transition to Climate Neutrality)'을 만들기 위한 행동이 필요하다는 내용이 담겨 있습니다. 이는 기후 중립을 실현하는 과정에서 사회적 약자들이 또 다른 차별을 받게 될 수 있다는 점을 고려한 것인데요, 예를 들어 석탄 발전소 폐쇄에 따라 일자리를 잃게 되는 상황이 발생할 때 정규직과 비정규직, 자국민과 이주노동자, 남성 노동자와 여성 노동자 등에 따라 처하는 상황이 서로 다를 수 있고, 환경 정책 시행에 따라 지역의 개인들이 처하는 상황도 다를 수 있을 것입니다. 그러므로 기후 위기에 대응하는 정책과 제도를 만들고 실현하는 과정에서 다양한 사회 환경과 변수들, 사회 계층에 대한 세심한 논의와 고려를 통해 '정의로운 전환'을 이룰 수 있도록 노력해야 하겠지요.

---

★ 기후 변화 대응을 이야기할 때 우리는 주로 '탄소 중립'이라는 용어를 사용합니다. IPCC가 지구 평균 기온 상승을 1.5°C로 억제하려면 2050년에 온실가스 순 배출 제로를 달성해야 한다고 권고하면서 '탄소 중립'이라는 용어가 널리 쓰이게 되었지요.
한편 유럽연합을 포함해 일부 국가나 단체에서는 탄소 중립을 이산화탄소 배출량에만 초점을 맞춘 용어로 보고, 전체 온실가스 순 배출 제로를 의미하면서 인간 활동이 기후 시스템에 실질적 영향을 초래하지 않는 환경적 영향까지 포함한 개념으로 '기후 중립'이라는 용어를 사용합니다.

# ch 2 지구를 아프게 하는 우리

앞 장에서는 기후 변화로 인한 기상 이변이 얼마나 심각한 위기 단계에 이르렀는지, 그러한 위기가 우리 모두의 삶에 어떠한 영향을 미칠 수 있는지를 살펴보았습니다. 앞부분부터 너무 무거운 이야기를 해서 여러분이 책장을 덮어 버리고 싶은 마음이 들지는 않았을까 살짝 걱정됩니다. 너무 큰 문제를 맞닥뜨리게 되면 모른 척 외면해 버리고 싶은 마음이 들 때가 있으니까요. 하지만 그러면 안 된다는 것을 여러분 모두 경험에서 알고 있지요? 문제를 해결하려면 문제를 바로 보아야 한다는 것을 알고 있지요? 그런 의미에서 이번 장에서는 기후 변화 문제를 바로 보기 위해 기후가 왜 변하는 것인지, 지구 온난화란 무엇이고 왜 문제인 것인지 살펴보겠습니다.

## 기후는 왜 변화하는 것일까?

기후는 지구의 '대기, 해양, 지표(육지), 얼음, 생물' 다섯 가지 요소가 서로 상호 작용하여 만들어지며, 이러한 요소들을 기후시스템(climate system)이라고 부릅니다. 기후시스템 안에서 각 요소는 서로 영향을 주고받으며 활발하게 상호 작용을 합니다. 해양은 대기에 열과 수증기를 공급하고, 대기는 해양의 물과 열적인 순환에 영향을 줍니다. 얼음은 태양 에너지의 반사율을 변화시켜 지구 복사량의 균형에 영향을 주고, 지표는 토양과 식물들을 통해 대기로 에너지를 방출하며, 생물은 광합성 활동을 통한 탄소 순환(carbon cycle)★ 등으로 기후시스템에 영향을 미치지요.

이 같은 기후시스템에 속한 요소들의 상호 작용은 기후 변화를 일으키지만 자연적으로 균형을 이루어 왔고, 그래서 지구의 생태계(ecosystem)가 유지되어 왔습니다. 생태계란 살아 있는 생물들 간에 상호작용이 이루어지는 순환적인 체계로, 지구에 사는 인간과 자연(산, 강과 바다, 식물과 동물 등)은 하나의 지구 생태계에 존재하며 서로 영향을 주고받고 있지요. 그런데 오늘날 인간이 일으키는 기후 변화가 심각한 문제인 것은 이러한 생태계의 자연적 균형과 서로 도움을 주고받는 공생 관계를 파괴하고 결국 그 영향이 인간에게 돌아오기 때문입니다.

## '지나친 온실효과'가 불러오는 지구 온난화

다음 페이지 두 행성의 사진을 볼까요? 어떤 행성일까요? 왼쪽은 수성, 오른쪽은 금성입니다. 혹시 두 행성의 평균 표면온도가 몇 도인지, 어떤 행성이 더 높은지 아나요? 일반적으로 많은 사람들이 태양과 더 가까운 위치에 있는 수성의 온도가 금성보다 높을 것이라고 생각합니다. 그러나 태양계에서 온도가 가장 높은 행성은 금성입니다. 수성의 평균 표면온도는 약 179°C 정도인 반면, 금성의 평균 표면온도는 467°C에 달하는데요, 금성의 온도는 왜 이렇게 높은 걸까요?

---

★ 탄소 순환이란, 탄소가 대기에서는 이산화탄소로, 지표에서는 석유나 석탄 또는 탄산칼슘으로, 해양에서는 탄산 이온으로, 생물에서는 고분자 화합물 등으로 존재하면서 순환하는 것을 말합니다. 지구상에 존재하는 탄소는 대기와 해양 그리고 육상 생태계 등에 다양하게 저장되어 있고, 우리는 이를 탄소 저장고라고 부릅니다. 우리 지구는 생명체에 의해서 탄소 순환을 하고 있는데, 탄소들이 저장고 사이를 기체와 무기 탄소(탄산이온, 탄산염 등) 혹은 유기 탄소의 형태로 모양이나 성질을 바꾸어 가며 순환합니다. 이러한 탄소 순환은 지구상의 생물권(육상과 바다 포함), 암석권(퇴적물, 화석 연료 포함), 수권(해양), 대기권 사이에서 이루어집니다. 결론적으로 지구의 탄소 순환은 이 4개의 저장고 사이를 상호 이동하는 과정이라고 할 수 있으며, 탄소 순환이 원활히 이루어지지 않으면 생태계의 균형이 깨지고 문제가 발생하게 되는 것입니다.

그 이유는 바로 금성 대기에 존재하는 엄청난 양의 이산화탄소가 태양에서 흡수한 열을 가두어 두는 온실효과(greenhouse effect)를 일으키기 때문입니다.

사실 이산화탄소와 같은 온실가스(greenhouse gases)는 우리에게 없어서는 안 될 소중한 기체입니다. 태양에서 지구까지의 거리만을 생각하고 지구의 평균 기온을 측정하면 영하 18°C 정도로 계산된다고 합니다. 그러나 지구 표면에 존재하는 온실가스들이 태양에서 받은 열에너지를 모두 방출하지 않고 대기에 남아 있게 하여 온실효과를 일으키므로 지구의 평균 기온이 우리가 살아가기 적당한 11-17°C 사이를 유지할 수 있는 것이지요. 만약 온실가스가 존재하지 않는다면 지구의 평균 기온은 영하 18°C 정도가 되어 지구상에 생명체가 살기 어려워질 것입니다.

온실가스는 수증기, 이산화탄소, 메테인, 오존 등을 말합니다. 이런 기체는 태양으로부터 들어오는 열에너지를 흡수하고, 지구에서 방출되는 열에너지 또한 흡수하는 특성을 가지고 있습니다. 이때 들어오는 열만큼 밖으로 열이 나가야 지구의 온도가 유지되는데(복사평형이라고 하지요), 들어올 때는 통과시키는데 나갈 때는 통과시키지 않고 흡수하다 보니 지구의 온도가 점점 올라가는 것입니다. 문제는 아무리 좋은 것도 적당해야 하는데 그 정도가 너무 지나치다는 것인데요,

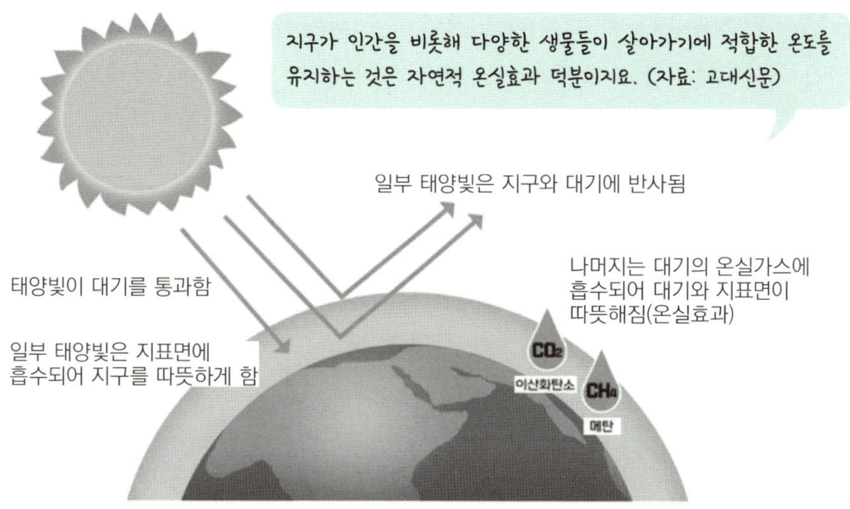


온실가스가 대기 중에 너무 많아져 과도한 온실효과가 일어나고 지구의 평균 기온이 점점 상승하는 지구 온난화(global warming)가 발생하여 기후 변화가 일어나는 것입니다. 이처럼 온실가스가 증가하게 되면 지구는 대기와 해수의 순환이 제대로 작동하지 못해 뜨겁게 달구어진 온실처럼 되어 버리는데요, 오늘날 그 속도가 점점 가속화되면서 지구 가열화(global boiling)라는 용어도 생겨났습니다.

## 지구 온난화인데 왜 더 추워지는 곳이 있을까?

지구 온난화가 과도하게 일어나면서 지구의 평균 기온이 계속 상승하고 있는데, 왜 어느 곳에는 엄청난 추위가 닥쳐오는 것일까요? 한 사람이 부엌에서 찌개를 만드는 과정을 가정해 봅시다. 신선한 재료, 재료의 맛을 살릴 수 있는 레시피대로 잘 진행하고 간을 맞추기 위해 소금, 간장 양념도 하니 솔솔 맛있는 냄새가 풍겨 옵니다. 그런데 그만, 국자로 잘 저어 주는 일을 잊고 바로 떠먹는다면 어떨까요? 기대했던 조화로운 맛이 날까요? 어느 쪽을 떠먹었느냐에 따라 너무 짜거나 너무 밍밍하지 않을까요? 이때 필요한 것은 국자를 냄비 깊숙이 넣어 찌개를 천천히 저어 주는 일일 것입니다. 그래야 간이 잘 맞는 맛있는 찌개를 먹을 수 있겠지요.

쉽게 생각하면, 지구 온난화의 결과로 일어나는 기상 이변 역시 이러한 요리 과정과 비슷하다고 볼 수 있습니다. 자연적으로 일어나는 지구의 대기와 해수 운동은 찌개를 국자로 잘 저어 섞어 주는 일과 같습니다. 잘 섞어 주니 뜨거운 곳의 열에너지가 찬 곳으로 이동하게 되고 전체적으로 균형을 이루어 지구 전체의 온도 변

화가 크지 않게 유지되는 것이지요. 그러나 지구 온난화로 대기와 해수의 운동이 제 역할을 하지 못하게 되면, 맛의 균형이 깨지듯 지구 대기의 에너지 균형이 깨져 한쪽은 춥고 한쪽은 더운 날씨가 나타나게 됩니다. 또 한쪽은 가물고 한쪽은 홍수가 일어나는 일도 발생하게 되지요.

이러한 예를 단적으로 볼 수 있는 곳이 바로 미국입니다. 2023년 7월 미국 남서부와 캘리포니아 지역은 45-50°C에 달하는 폭염에 시달렸습니다. 일부 지역의 기온은 50°C를 넘어섰고 숨 막히는 더위에 목숨을 잃는 사람도 나타났지요. 반면 2024년 1월 미국 동부와 북동부, 중서부 지역에서는 폭설과 함께 영하 30°C 안팎의 혹한이 이어져 수많은 가정이 폭설로 고립되고 단전 피해를 입었습니다. 당시 미 CBS 방송이 저체온증, 눈길 교통사고 등으로 사망한 사람을 집계한 결과 한 주 동안 83명에 이르렀다고 합니다.

## 이산화탄소가 지구 온난화의 주범?

대기 중에 온실효과를 일으키는 온실가스가 지나치게 많아져 지구의 온도가 상승하는 지구 온난화는 심각한 기상 이변을 일으키고 있습니다. 지구의 평균 기온 변화를 살펴보면 지난 100년간 약 1℃가 상승했다고 합니다. 혹시 '에게, 100년에 고작 1℃요?'라는 생각이 드나요? 1℃라고 말하니 매우 작은 수치로 들릴 수 있습니다. 기상(날씨) 변화를 보면 하루에도 아침저녁 온도차가 크게는 10℃ 이상 날 때도 있으니까요. 그러나 기후 변화의 측면에서 수백 년, 수천 년 동안 자연적으로 변화한 지구의 평균 온도가 약 0.1℃라는 사실을 보면, 지난 100년 동안 상승한 1℃는 엄청나게 큰 변화입니다. 이는 쉽게 우리 몸에 빗대어 생각해 볼 수도 있습니다. 우리 몸의 평균 정상 체온은 37℃입니다. 그런데 여기 서 1℃ 혹은 1.5℃가 오르면 어떤가요? 경험해 본 친구도 있겠지만, 고열이 계 속되면 일상생활을 정상적으로 할 수 없을 정도로 힘들어지지요? 지구 역시 같

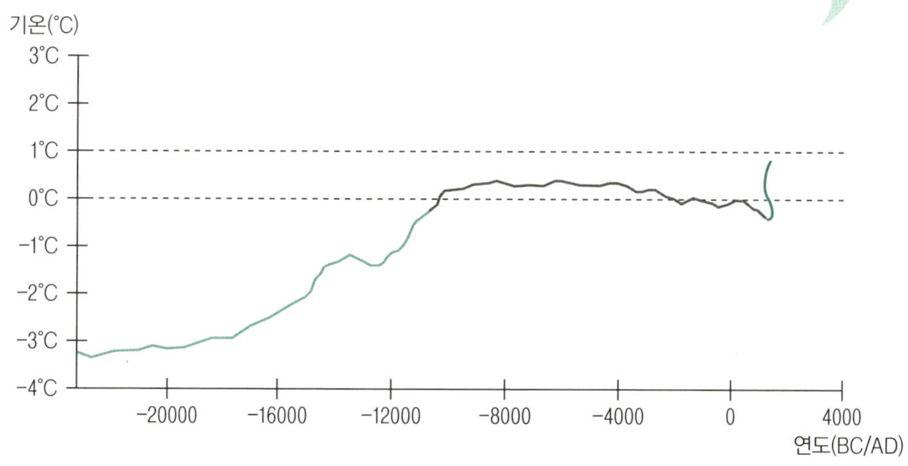

습니다. 여러 생명체들이 연결되어 공생하고 있는 생명체이니까요.

온실가스 중에서 온실효과에 가장 크게 영향을 미치는 것은 수증기입니다. 그런데 왜 지구 온난화의 원인이 되는 온실가스로 이산화탄소를 꼽을까요? 대기 중 수증기의 양은 우리 인간의 생산과 소비 활동에 크게 영향을 받지 않고 거의 변화가 없습니다. 그러나 이산화탄소나 메테인 같은 온실가스의 양은 인간 활동에 의해서 크게 변화합니다. 특히 이산화탄소는 산업혁명 이후 가장 큰 폭으로 증가하고 있습니다.


## 기후 변화의 진짜 주범은 바로 우리!

이산화탄소의 증가가 오늘날 지구 온난화의 가장 큰 원인이라고 이야기했습니다. 그렇다면 이산화탄소는 왜 이렇게 많이 증가하게 된 것일까요?

1750년을 전후해 영국에서 일어난 1차 산업혁명(약 1760-1840년)은 석탄이라는 에너지원이 원동력이 되었습니다. 석탄을 연료로 하여 증기기관을 운행하고 기계를 돌리면서 운송 기술이 발전하고 대량생산이 가능해졌습니다. 아울러 공장에서 일하기 위해 농촌에서 도시로 이동하는 인구가 급증하면서 도시화가 진행되고, 농업과 수공업을 기반으로 하던 경제 체제에서 산업화된 경제 체제로 전환하게 되었습니다. 이후 19세기 후반 일어난 2차 산업혁명(약 1850-1914년)은 석유라는 에너지원이 원동력이 되었습니다. 석유를 연료로 하여 전기와 가스 등을 사용하게 되면서 더욱 급격한 산업 발전을 이루게 되었습니다. 즉 석탄과 석유와 같은 화석 연료는 매장량이 많고 가격도 저렴하여 인류는 이를 이용해 급속한 경제 발전의 길을 걸어올 수 있었지요.

그런데 화석 연료를 태울 때나 산림을 벌채할 때는 많은 양의 온실가스가 방출됩니다. 19세기 이후 산업화 과정에서 화석 연료를 연소시켜 기계를 돌리고 대량생산을 하고, 자동차와 선박 등을 통해 물건을 나르고, 산을 깎아 건물

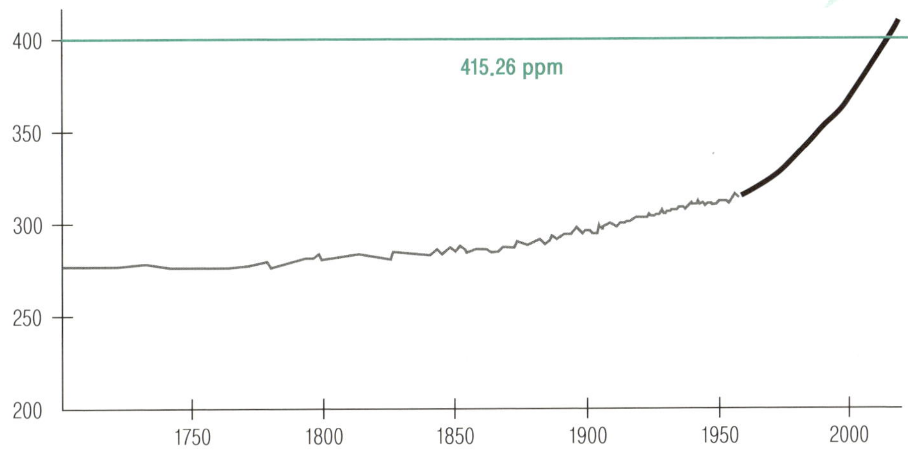



을 짓고, 나무를 베어 온갖 물건을 만드는 등 인간의 편리를 위한 경제 활동이 증가하면서 대기 중의 이산화탄소 농도가 급격히 증가하게 되었는데요, 과학자들의 분석에 따르면 산업혁명 초기에는 약 280ppm★이던 이산화탄소 농도가 현재는 약 420ppm까지 치솟았다고 합니다.

　과학자들은 기후 변화의 원인을 알아내기 위해 나이테, 빙하코어,★★ 호수의 퇴적물, 산호 등을 통해 과거 기후의 특징을 조사하고 있는데요, 그러한 결과에서도 오늘날 기후 변화를 일으키는 지구 온난화의 원인이 화석 연료를 무분별하게 사용하는 인간에게 있다는 것을 명백히 확인하였다고 합니다.

---

★　ppm(parts per million, 100만 분율)이란, 어떤 양이 전체의 100만분의 몇을 차지하는지를 나타내는 단위입니다. 420ppm은 공기분자 100만 개 중 이산화탄소 분자가 420개 있다는 의미입니다.

★★　빙하코어란 빙하에 길게 구멍을 뚫어 캐낸 긴 원통 모양의 빙하 얼음을 말합니다.

# 탄소 배출을 줄여야 해요!

오늘날 지구 환경을 위협하는 기후 변화가 우리 인간의 활동에서 비롯되었다는 것은 안타까운 사실이지만, 한편으로는 긍정적으로 생각해 볼 수 있는 면도 있습니다. 우리의 힘으로 어찌할 수 없는 불가항력적 일이 아니고 바꿀 수 있는 일이라는 의미이기도 하니까요. 저희가 이 책을 통해 기후 변화에 대해 여러분과 함께 이야기 나누는 것도 그러한 이유에서 의미를 지니고요.

기후 변화의 책임이 인간 활동에 있다는 사실이 명백해지면서 이를 지구 공동체의 문제로 인식하고 해결책을 찾아보려는 국제 사회의 움직임이 계속되고 있습니다. 이번 절에서는 국제 사회가 제시하는 기후 변화 대응책에는 어떤 것들이 있는지, 우리나라를 포함해 각국은 어떻게 대응하고 있는지 등을 살펴보겠습니다.

## 기후 변화를 막기 위한 국제적 노력

지구 온난화와 기후 변화에 대한 논의가 국제 사회에서 본격적으로 시작된 때는 1980년대 후반입니다. 1988년 유엔총회 결의에 따라 유엔환경계획(UNEP)과 세계기상기구(WMO)가 공동으로 기후 변화에 관한 정부간 협의체(IPCC)를 설치하였고, 이후 1992년에는 유엔환경개발회의(UNCED)에서 기후변화협약(UNFCCC)을 채택하였습니다. 유엔에는 기후 변화와 관련하여 협약, 기술, 재정 등 다양한 분야를 담당하는 기구들이 존재하고 국제 협력 체계가 복잡하게 구성되어 있는데요, 우리는 다음의 몇 가지만 알아두면 좋겠습니다.

먼저 UNFCCC(United Nations Framework Convention on Climate Change)입니다. UNFCCC는 UN 기후변화협약의 정식 명칭입니다. 다음으로 당사국총회(COP, Conference of the Parties)는 기후변화협약 관련 최종 의사결정기구입니다. 대체로 협약의 진행 사항들을 전반적으로 검토하기 위해 회원국들이 일 년에 한 번 당사국 총회 모임을 가지는데, 그 자리에서 기후 변화에 대한 중요한 결정들을 하게 됩니다. 그리고 기후 변화에 관한 정부 간 협의체(IPCC, Intergovernment Panel on Climate Change)는 기후 변화에 관련된 과학적, 기술적 사실에 대한 평가를 제공하고 실제적인 관리 역할을 하는 곳입니다.

기후 변화를 막기 위한 국제 사회의 노력은 COP와 IPCC를 중심으로 이루어지고 있습니다. 두 기구는 지금까지 기후 변화를 막기 위한 행동과 실천을 담은 두 가지 중요한 합의를 이끌어 냈는데요, 교토의정서와 파리협약이 바로 그것입니다. 오랜 기간 COP와 IPCC에서는 교토의정서와 파리협약을 이행하기 위한 구체적 실천과 계획들을 협의해 만들어 왔고 지금도 그러한 활동을 이어가고 있습니다.

## '교토의정서'와 '파리기후협약' 들여다보기

이번에는 지구 온난화에 결정적인 대책을 논의했던 교토의정서와 파리협약에 어떠한 협의와 합의가 담겨 있는지 살펴보겠습니다. 교토의정서(Kyoto Protocol)란 1997년 일본 교토에서 개최된 기후변화협약 제3차 당사국 총회(COP 3)에서 37개 선진국이 기후 변화에 대응하기 위해 결의한 협약으로 2005년 발효되었습니다.

교토의정서는 2000년 이후의 온실가스 감축 목표에 관한 구체적 이행 방안을 제시했다는 데 의의가 있습니다. 먼저 2008년부터 2012년까지 5년 동안 37개 주요 선진국과 유럽연합에 대해 온실가스 총 배출량을 1990년 수준보다 5.2% 감축하고, 2013-2020년까지 2차 협약기간에는 1차 협약기간보다 더 높은 수준으로 감축하기로 원칙적으로 합의하였습니다. 그리고 각국에 온실가스 배출권을 할당하여 서로 배출권을 사고파는 방식으로 온실가스 배출량을 조절하도록 하였습니다. 또한 개발도상국들이 온실가스 감축 프로젝트를 추진하면 그에 대한 보상을 받을 수 있도록 하여 개발도상국들의 참여를 유도하였습니다.

아울러 온실가스 배출량을 모니터링하고 보고하도록 하였습니다.

그러나 교토의정서 시행에는 국가 간 이견이 발생하고 어려움이 따랐습니다. OECD를 중심으로 한 선진국들에 온실가스 감축 의무가 부과되고, 한국을 포함해 중국과 인도 같이 온실가스 배출량이 많은 국가는 개발도상국이라는 명목 아래 포함되지 않았기 때문입니다. 전 세계 이산화탄소 배출량의 약 30%를 차지하는 미국은 2005년 교토의정서가 발효되기 전 탈퇴하였습니다. 캐나다 역시 이 같은 상황에 불만을 품고 2011년 교토의정서 탈퇴를 선언하였고, 이후 일본과 러시아도 2차 협약기간 연장을 거부하는 등 한계점이 드러났습니다.

이러한 이유로 교토의정서의 문제점을 보완한 보다 포괄적이고 강력한 협약의 필요성이 제기되었고, 오랜 논의 끝에 2015년 파리에서 열린 유엔 기후변화협약 당사국 총회(COP21)에서 '파리기후협약(Paris Climate Agreement)'이 채택되었습니다. 파리기후협약에는 선진국과 개발도상국 모두 195개국이 참여하였고, 2030년까지 온실가스 배출량을 각각 25-65%까지 줄이겠다는 각국의 감축 목표가 제시되었습니다. 또한 지구 평균 기온 상승을 산업화 이전 수준과 비교해 2°C보다 아래로 유지하고, 1.5°C를 넘지 않도록 노력하는 것을 목표로 설정하였습니다. 이에 각국은 5년마다 온실가스 감축 목표를 자발적으로 제출하고 이를 달성하기 위한 계획도 보고하도록 하였습니다. 선진국과 개발도상국이 함께 책임을 분담하고 동참하되, 온실가스를 보다 오랜 기간 배출해 온 선진국이 개도국의 기

후 변화 대처 사업에 재정적 지원을 하기로 합의하였습니다.

　무엇보다 파리협약은 지구 온난화를 막기 위해 온실가스를 줄이기로 전 세계 거의 모든 국가가 뜻을 모은 전 지구적 합의안이라는 데 큰 의의가 있습니다. 파리협약에 참여하지 않은 국가는 이란, 터키, 에리트레아, 이라크, 남수단, 리비아, 예멘 7개국뿐입니다. 각국이 기후 변화의 심각성을 공감하고 자발적 감축 목표(INDC, Intended Nationally Determined Contribution)를 설정했다는 것은 지구의 건강한 미래를 기대하게 한다는 점에서 매우 긍정적인 의미를 지닙니다. 그러나 한편으로는 국제법상의 구속력이 없다는 점에서 실행을 보장할 수 없다는 한계를 지니기도 하지요.

## IPCC 6차 보고서 이야기

기후 변화에 관한 정부 간 협의체인 IPCC는 2023년 3월 스위스 인트라켄에서 제58차 총회를 개최하고, 통합적인 단기 기후 행동의 시급성을 강조한 〈IPCC 제6차 평가보고서(AR6, The Sixth Assessment Report) 종합보고서〉를 만장일치로 승인하였습니다.★ IPCC 6차 보고서의 핵심 내용은 세 가지 주제로 구분할 수 있습니다. 첫 번째는 지구 온난화로 인류가 처한 위기 상황에 대한 내용입니다. 두 번째는 앞으로 우리 인류에게 어떤 상황들이 전개될 것인지에 대한 내용입니다. 세 번째는 기후 변화 상황이 더욱 악화되는 것을 막기 위해 어떤 조치를 해야 하는지에 대한 내용입니다.

---

★　세계적으로 권위 있는 과학자들이 참여하는 IPCC 보고서는 1990년 제1차 보고서 발간을 시작으로 각국이 기후 변화 대응을 위한 국제협력에 나서는 데 과학적 근거를 제시해 왔습니다. IPCC는 이런 공로를 인정받아 2007년 노벨평화상을 수상하기도 했습니다. 제6차 보고서는 2021–2023년에 걸쳐 작성 발간되었는데요, 2013–2014년에 발간되어 파리협약 채택에 기여한 5차 보고서 이후 확인된 최신 연구 결과를 담고 있습니다.

| 기온 상승 | +1.1℃ | +1.5℃ | +2℃ | +4℃ |
|---|---|---|---|---|
| 최고 기온 | +1.2℃ | +1.9℃ | +2.6℃ | +5.1℃ |
| 가뭄 | 2배 | 2.4배 | 3.1배 | 5.1배 |
| 강수량 | 1.3배 | 1.5배 | 1.8배 | 2.8배 |
| 강설량 | −1% | −5% | −9% | −25% |
| 태풍 강도 | − | +10% | +13% | +30% |



IPCC 6차 보고서는 우리가 당면한 현재의 위기 상황이 인간 활동으로 인해 초래되었다는 점을 분명히 하고 있습니다. 그동안 우리 인류는 수십억 년 동안 지구 안에 축적되고 저장되어 온 탄소(석탄과 석유)를 100여 년 동안 한꺼번에 캐내어 사용해 왔습니다. 이러한 인간 활동으로 인해 광범위하고 급격한 지구의 변화가 대기와 해양, 토양, 빙하에서 발생하게 되었으며 최근 많은 지역에서 일어나고 있는 기상 이변 현상이 이를 증명하고 있습니다.

IPCC 6차 보고서가 발표된 시점에 지구의 평균온도는 산업화 이전보다 1.09℃ 상승한 상태이며, 대기 중 이산화탄소 농도(2019년 기준 410ppm)가 200만 년 만에 최고 수준으로 높아졌습니다. 특히 지난 5년(2016-2020년) 동안의 기온은 1850년 이후 기온 변화 중 가장 높았으며, 인간이 감내할 수 있는 기후 변화의 '최후 방어선'이라 할 수 있는 지구 온도 1.5℃ 상승 시기가 3년 전보다 10년 앞당겨진 2040년 이내가 될 것이라는 전망입니다. 이는 IPCC 6차 보고서에서 가장 충격적인 내용으로 전 세계에서 주목하게 되었습니다.

또한 IPCC 6차 보고서에는 해수면 상승과 얼음 유실 속도가 더욱 가속화하고 있으며, 기상 이변 현상들이 점점 늘어나고 있다는 내용도 포함되어 있습니다. 인간 활동으로 발생한 온실가스가 최근의 이례적인 폭우, 열대 태풍과 폭염, 가뭄, 산불 등 기상 이변에 영향을 미치고 있다는 증거가 더욱더 명확해졌다고 전하고 있는데요, 문제는 현재 각국 정부가 제시한 감축 목표를 모두 달성한다고 하더라도 지구 평균 기온은 최소 3℃ 정도 상승할 것으로 예상된다는 점입니다.

## 기후 변화 이제 늦춰야 해요

IPCC 6차 보고서가 경고하는 상황들을 막기 위해 필요한 조치는 무엇일까요? 급속히 진행되고 있는 기후 변화의 속도를 늦추고 제한하기 위하여 우리 인류는 어떤 일들을 해야 할까요? 2023년 기준 현재 인간 활동으로 매년 400억t 이상의 이산화탄소가 배출되고 있다고 합니다. 화석 연료 사용으로 인한 세계 온실가스 배출량은 368억t에 달하고요.★ 그러므로 하루빨리 이산화탄소 배출량을 줄이고 탄소 중립을 실현하기 위한 노력을 전 세계적으로 국가와 기업, 시민이 함께 기울여야 할 것입니다.

'탄소 중립(carbon neutrality)'이란 인간 활동으로 배출되는 온실가스를 최대한 줄이고, 대기 중에 남아 있는 온실가스를 흡수해서 실질적인 배출량이 0이 되게 한다는 개념으로, '넷제로(net zero)'라고도 부릅니다. 탄소 중립을 실현하기 위해서는 무엇보다 나무를 심어 숲을 복원하고, 친환경적 방식으로 농업 방식을 바꾸는 등 자연의 탄소 저장 기능을 되살리는 노력을 해야 합니다. 그리

---

★ 제28차 유엔기후변화협약(UNFCCC) 당사국총회(COP28)에서 공개된 국제 연구단체 '세계 탄소 프로젝트(GCP)'의 〈2023년 세계 탄소 예산〉 보고서에 담긴 내용입니다.

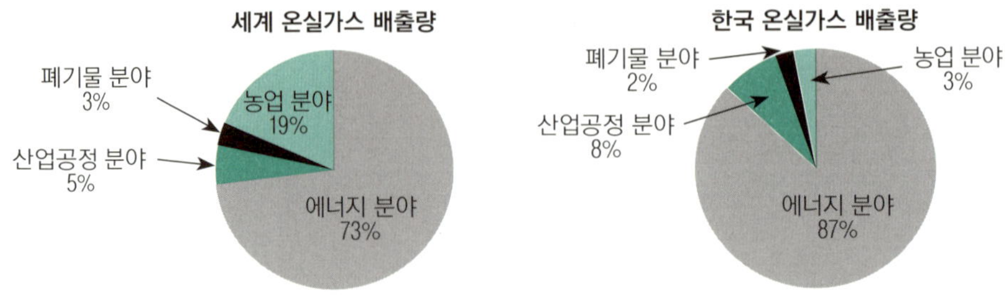



고 석탄과 석유를 사용하는 발전소를 대체할 에너지 시설, 즉 환경오염 물질을 배출하지 않는 재생 에너지 발전 시설을 확대하고 에너지 효율을 높이는 전력망을 구축해 나가야 하지요. 아울러 탄소포집·활용·저장(CCUS) 기술, 직접공기포집 (DAC) 기술과 같이 이산화탄소를 포집해 활용하는 기술이 발전하고 상용화된다면 탄소 중립에 크게 기여할 수 있을 것입니다.

위의 그림은 2018년 기준 부문별 온실가스 배출량을 나타낸 것입니다. 전 세계적으로 에너지 부문이 온실가스 배출량의 절반 이상을 차지하고 그 뒤로 농업, 산업공정, 폐기물 부문 순으로 배출량이 높습니다. 한국의 경우도 에너지 부문이 온실가스 배출량의 80%를 넘게 차지하고 산업공정, 농업, 폐기물 부문 순이지요. 에너지 부문을 다시 세부적으로 보면 산업, 건물(전기 및 열), 수송 부문 등으로 나뉘는데요, 이는 오늘날 우리가 사용하는 TV, 컴퓨터, 스마트폰과 같은 전자제품, 먹고 마시는 식품과 음료, 입고 다니는 옷, 타고 다니는 버스나 지하철 등등 거의 모든 제품의 생산에 에너지 자원으로서 화석 연료를 사용하기 때문이지요.

안타까운 진실이지만, 이미 시작된 기후 변화를 우리는 완전히 막을 수 없습니다. 그러나 파리기후협약의 1.5°C 목표를 달성한다면, 인류의 생존을 위협하는 해수면 상승과 생태계 파괴, 극단적인 기상 이변 등을 완화시킬 수 있습니다. 이제, 기후 변화가 우리의 어떠한 활동에서 비롯되는지 분명해졌으니 세계 각국은 그 속도를 최대한 늦출 수 있는 대책들을 찾아 실천하면서 국제 사회에

 ## 탄소 '잡는' 기술

탄소 중립을 이루기 위한 여러 방법 가운데 탄소 '잡는' 기술이 있다는 걸 아시나요? 탄소 포집·활용·저장(CCUS, Carbon Capture, Utilization and Storage) 기술은 화석 연료 사용으로 배출되는 이산화탄소를 포집해 저장하는 'CCS'와 이산화탄소를 포집해 활용하는 'CCU' 두 기술을 합친 것입니다. CCS는 화력 발전소나 석유화학공장 같이 화석 연료를 사용하는 시설에서 발생하는 탄소를 모은 후 파이프나 선박으로 운송해 깊은 땅속이나 바닷속에 저장만 하는 것이고, 여기서 한발 더 나아가 포집한 탄소를 화학 전환이나 광물화 같은 다양한 전환 방식을 통해 활용하는 기술이 CCUS이지요.

한편 공장이나 발전소에서 배출되는 이산화탄소를 포집해 활용한다는 점에서 CCUS와 비슷하지만, 굴뚝이라는 고정된 배출원이 아니라 공기 중에서 이산화탄소를 포집하는 직접공기포집(DAC, Direct Air Capture) 기술도 있습니다. 이 기술은 대규모 부지가 필요하지 않고 포집한 이산화탄소를 제품이나 원료 물질로 활용할 수 있다는 점에서 장점이 있지만, 포집 비용이 매우 높은 편이지요.

국제에너지기구(IEA)는 이러한 탄소 포집 기술들이 2050년 탄소 중립을 이루기 위한 주요한 수단이 될 것이라고 전망하였습니다. 실제로 현재 여러 국가와 기업에서 탄소 포집과 관련된 다양한 기술을 활발히 연구하고 프로젝트도 시행 중인데요, 다만 아직까지는 탄소 포집 과정에서 발생하는 다양한 변수를 해결할 수 있는 기술의 개발과 비용 절감을 통한 상용화 등이 과제로 남아 있습니다. 또한 일부 전문가들은 탄소 포집 기술이 자칫 화석 연료 사용을 유지하는 수단으로 쓰일 수 있고, 기상 이변이 일상화되는 시대에 탄소 저장소의 안전성 문제나 재활용 과정에서의 탄소 유출 문제 등을 확신할 수 없다며 회의적인 시선을 보내기도 하는데요, 과연 이 놀라운 기술이 지구 온난화의 속도를 늦추고 지속 가능한 미래를 여는 데 주요한 역할을 할 수 있을지 관심을 가지고 지켜볼 일입니다.

약속한 탄소 중립을 실현하고자 노력해야 합니다. 우리나라 역시 2030년까지 온실가스 배출량을 최고점인 2018년 배출량 대비 40% 감축하고, 2050년에는 탄소 중립을 달성하겠다는 목표를 가지고 있는데요, 이러한 목표가 헛된 약속이 되지 않으려면 정부의 확고한 계획 아래 화석 연료 중심의 에너지 사용에서 벗어나는 실질적인 노력이 행해져야 할 것입니다.

2부에서는 지구 온난화를 일으키는 온실가스 배출량의 가장 큰 비중을 차지하는 에너지 부문에 대해 살펴보는 생각여행을 떠나려 합니다. 지구의 온도를 낮추면서 인간이 효율적으로 에너지를 사용할 수 있는 '에너지 전환' 방법은 무엇인지, 인간과 자연이 건강하게 조화를 이루며 에너지를 사용할 수 있는 방법은 무엇인지 함께 이야기 나누어 볼까요?

# 병들어 가는 바다의 세 가지 징표

'창백한 푸른 점'이라는 말을 들어본 적 있나요? 이는 《코스모스 *Cosmos*》로 잘 알려진 천문학자 칼 세이건(Carl Sagan)이 1990년 2월 14일 미국 항공우주국(NASA)의 우주 탐사선 보이저 1호가 지구와 61억km 떨어진 곳에서 찍은 지구 사진을 보고 한 표현입니다. 드넓은 우주 공간에서 지구가 얼마나 작은 행성에 불과한지를 나타낼 때 자주 인용되는 말이지요. 그런데 왜 '푸른 점'이라고 했을까요? 지구 면적의 71%를 차지하는 바다로 인해 멀리서 보면 푸른빛을 띤 것처럼 보이기 때문 아닐까요?

드넓은 바다는 지구 전체 생물의 80%가 살고 있다고 하는 생명의 보고(寶庫)입니다. 우리에게 풍부한 자원을 제공해 주고 안식처가 되어 주기도 하는 소중한 곳이지요. 그러나 바다 역시 지구 온난화로 인해 병들어 가고 있는데요, 바닷물의 온도 상승이 그러한 현실을 보여 주는 징표입니다. 따뜻해진 바닷물은 바다 생물 다양성의 뿌리라 할 수 있는 산호초를 병들게 합니다. 산호초에는 수많은 조류들이 붙어 공생하고 있는데요, 수온이 상승하고 환경 조건이 변화하면 산호초에 붙어 공생하면서 영양분을 주고받던 조류들이

사라지고 산호초 표면이 하얗게 드러나 보이게 됩니다. 이것이 바로 산호초의 '백화 현상'이지요. 이후 환경이 좋아지면 산호초는 다시 조류와 함께 공생할 수 있지만 백화 시간이 길어지면 결국 죽음에 이르고, 이는 바다 생물들의 생존에 연쇄적으로 영향을 미치게 됩니다.

따뜻해진 바닷물은 해양 생물들의 서식지와 어업에도 영향을 미칩니다. 과거 우리나라 동해안에 가득했던 명태가 급격히 줄어든 것도 그러한 예인데요, 노가리(명태의 새끼)를 무분별하게 어획한 것도 명태를 사라지게 한 요인이지만, 또 다른 주요한 요인은 동해안의 수온이 상승하면서 한해성 어류인 명태가 차가운 물을 찾아 북쪽으로 이동했기 때문이라고 합니다. 우리나라는 바닷물의 온도 상승이 큰 편이어서 어획량 감소와 그에 따른 어민들의 경제적 피해가 해마다 커지고 있습니다.

바다의 '산성화'도 지구 온난화로 병들어 가는 바다의 현실을 보여 주는 징표입니다. 바다는 본래 많은 양의 이산화탄소를 흡수해 주는 곳입니다. 바다가 인간들이 방출한 이산화탄소 배출량의 30% 가량을 흡수해 주어서 기후 변화의 속도를 늦추어 주는 역할을 하지요. 그러나 이제 그러한 역할도 한계에 다다르고 있습니다. 이산화탄소가 바닷물에 녹으면 탄산이 생기고 바닷물의 수소이온농도(pH)가 낮아져 산성이 강해지는데요, 인간 활동으로 발생하는 이산화탄소 배출량이 줄지 않으면서 바다의 산성화가 점점 심해지고 있습니다.

문제는 바다가 산성화될수록 해양 생태계가 교란되고 생물들이 생존 위기에 처하게 된다는 점입니다. 산성화는 수온 상승과 함께 산호초 백화 현상을 일으키고, 해양 생물들의 생식 능력을 약화시킵니다. 또한 바다가 산성화되면 해파리가 과도하게 늘어나 물고기의 먹이인 동물 플랑크톤이나 치어(어린 물고기) 등을 잡아먹어 어류의 생존이 위협받기도 하는데요, 이러한 변화는 결국 바다를 생계 수단으로 삼아 살아가는 이들의 삶을 어렵게 합니다.

한편 지구 온난화로 극지방의 빙하가 녹고, 수온 상승으로 바닷물의 부피가 증가(열팽창)하면서 해수면이 상승하고 있는데요, 해수면 상승 역시 병들어 가는 바다를 보여 주는 징표입니다. 미국 해양대기청(NOAA)에 따르면, 2006년부터 2015년까지 빙상 및 빙하로 전 세계 평균 해수면이 매년 1.8mm 정도, 바닷물의 열팽창으로 매년 1.4mm 정도 상승했다고 합니다.

문제는 해수면이 상승하면 해안 저지대 지역에 사는 사람들의 삶이 위협받게 된다는 점입니다. 바닷물이 범람해 해안선을 침식하고 홍수나 폭풍 같은 자연재해 피해에 더욱 취약해지지요. 삶의 터전을 잃을 위협에 처한 사람들도 있습니다. 투발루, 키리바시, 몰디브 같이 해발고도가 낮은 섬나라들은 매년 점점 더 가라앉고 있습니다. 가장 높은 곳이 해발 4.5m에 불과한 투발루는 현재

매년 5mm씩 해수면이 높아지고 있어 40년 정도 뒤에는 농작물 재배가 불가하고 사람들이 살 수 없게 된다고 합니다. 선진국들에 비하면 온실가스 배출량이 매우 미비한데도 살 곳을 잃을 처지가 된 섬나라 사람들은 얼마나 참담한 심정일까요?

이처럼 지구 온난화가 바다에 일으키는 변화는 매우 복합적이고 광범위합니다. 지금 당장 눈앞에 보이는 문제가 아니라고 하더라도 결국 우리들의 삶에 연쇄적으로 영향을 미칠 수밖에 없는 위험한 변화입니다. 지구에 사는 우리 모두가 신음하고 있는 바다에 생명의 기운을 되찾아 줄 수 있는 방법을 함께 고민하고 실천해야 할 때입니다.

part
# 2

# 에너지 전환, 지구를 살리는 변화의 움직임

# ch 3 전통적 에너지 자원으로서 화석 연료와 전기

2부에서는 기후 위기에서 벗어나 지구와 건강하게 공생할 수 있는 방법으로 에너지 전환에 대해 함께 생각여행을 떠나 보려 합니다. '에너지 전환' 하면 여러분은 무엇이 떠오르나요? 혹 과학 시간에 배운 위치 에너지에서 운동 에너지로, 화학 에너지에서 운동 에너지 등으로 바뀌는 전환을 떠올리는 친구들이 있을지 모르겠습니다. 그런데 이 책에서 이야기하는 '에너지 전환'이란 그런 의미와는 차이가 있습니다. 에너지를 사용하는 측면에서 보다 확장된 의미로 "에너지 공급 체계를 화석 연료와 핵분열식 원자력 기반의 지속 불가능한 방법에서 재생 에너지를 이용한 지속 가능한 방법으로 바꾸는 것"을 뜻합니다. 아울러 우리 사회의 에너지 사용 시스템을 분산화하고 디지털화하여 에너지를 보다 효율적으로 소비하는 의미까지 포함하지요.

에너지 전환을 제대로 실현하기 위해 필요한 것은 무엇일까요? 사회적으로 에너지 자원의 다변화와 에너지 전환의 필요성을 공감하고 이를 구현하기 위한 법적·제도적 장치, 기술적 시스템 등을 탄탄히 갖추고 운영하는 일일 텐데요, 그러기 위해서는 무엇보다 사회 구성원 개개인이 에너지가 무엇인지, 에너지가 우리 삶에서 왜 중요한지를 바로 이해하는 일이 선행되어야 하지 않을까요? 그런 의미에서 우리도 에너지 전환을 이야기하기 전에, 현재 우리가 유용하게 사용하고 있는 에너지가 어디에서 비롯되어 어떻게 쓰이는지 생각해 보는 시간을 가졌으면 합니다.

## 에너지의 역사는 인류 발전의 역사

에너지(energy)가 무엇인지 간단히 정의하면 '일을 할 수 있는 능력'입니다. 물체가 움직이며 일할 수 있는 힘, 사람으로 하여금 생각하고 행동하게 하는 근원적인 힘이지요. 에너지는 1차 에너지와 2차 에너지로 구분할 수 있습니다. 1차 에너지는 자연에서 얻을 수 있는 것으로 태양열, 풍력, 수력, 지열, 조력, 파력과 같은 에너지와 석탄, 석유, 천연가스와 같은 화석 에너지(화석 연료)입니다. 2차 에너지는 1차 에너지를 변형하거나 가공한 것으로 전기, 도시가스 등입니다.

인류 역사는 에너지 자원을 발견하고 활용하면서 발전해 왔습니다. 오래전 인류는 불을 사용하기 시작하면서 다양한 음식을 조리해 먹을 수 있게 되었고, 소나 말 같은 가축의 에너지를 이용하면서 논밭을 경작하고 물건을 날라 교환할 수 있게 되었습니다. 이후 석탄과 석유를 에너지원으로 사용하면서 인류의 삶은 획기적으로 변화하게 되었습니다. 대량생산이 가능해지고 산업화, 도시화가 진행되었으며 자동차나 항공기 등 교통수단이 발달하게 되었지요. 그리고 석탄과 석유, 원자력 등을 이용해 전기를 만들어 사용하게 되면서 인류의 삶은 다시 한 번 큰 도약을 하게 되었습니다.

### 1차 에너지 혁명을 이끈 석탄

석탄(coal)은 지질시대의 식물들이 땅속 깊이 묻혀 오랫동안 열과 압력을 받아 분해되고 검게 변한 광물입니다. 아주 오래전부터 인류가 석탄을 이용한 것으로 보이는데요, 기원전 315년의 그리스 문헌에 석탄을 대장간의 연료로 사용한 사실이 기록되어 있다고 합니다. 그러나 석탄은 나무보다 다루기 쉽지 않아서 중요한 에너지원으로 여겨지지 않다가 18세기(1769년) 제임스 와트가 증기기관의 개량에 성공하면서 사용량이 비약적으로 증대하게 됩니다. 증기기관은 기차와 선박에 쓰이게 되었고 연료인 석탄의 채굴량도 크게 증대하게 되는데요, 이러한 측면에서 1차 산업혁명은 석탄이라는 에너지 자원을 발굴하고 확장시킨 에너지 혁명이라고 볼 수 있습니다.

19세기 중반 석탄은 세계 에너지원의 4분의 3을 차지했으며, 한때는 화학 공업의 원료로도 많이 사용되었습니다. 이후 석유와 천연가스가 활성화되면서 화학 공업의 원료는 이들로 대체되었고, 에너지원으로서 석탄의 중요성 또한 상대적으로 줄어들었습니다. 그러나 오늘날에도 석탄은 여전히 화력 발전과 철강 생산을 위한 연료로 많이 사용되는데, 이때 발생하는 이산화탄소가 지구 온난화를 일으키는 가장 큰 요인으로 지목되고 있습니다. 또한 석탄이나 석유 속에는 수만 년 전 동식물 조직에서 나온 탄소 이외에도 지하수에 녹아 있던 카드뮴, 납, 수은, 우라늄 같은 독성 물질이 함유되어 있는데요, 채굴 시에 이러한 독성 물질이 흘러나와 강과 바다, 땅으로 흘러 들어가고 이는 결국 먹이사슬을 통해 우리 인간에게 해를 입히게 됩니다. 아울러 석탄이나 석유를 채굴해 정제하고 연소하는 과정에서 여러 대기오염 물질이 배출되지요.

국제에너지기구(IEA, International Energy Agency)는 2018년 〈에너지와 이산화탄소 현황 보고서〉에서 화석 연료가 지구 온도 상승에 얼마나 영향을

미쳤는지 평가하였는데요, 그 결과 석탄 화력 발전으로 배출된 이산화탄소는 지구 연평균 지표 온도가 산업화 이전보다 1°C 상승할 때 0.3°C 이상 책임이 있다고 발표하였습니다. 석탄이 지구 온난화에 가장 큰 단일 요소임을 확인한 셈이지요. 2016년의 통계를 보면 석탄에 의한 세계 이산화탄소 배출량은 14.2GT(기가톤)으로 전체 온실가스의 25%를 차지하고, 에너지 부문에서도 44%의 비중으로 가장 높습니다. 석탄의 탄소 배출량은 중국과 인도의 경제 성장과 맞물려 2005년을 기점으로 석유를 앞질렀습니다. 이는 석탄 화력 발전소의 영향이 가장 큽니다. 한국에서도 석탄은 철강 생산과 화력 발전에 주로 사용되며, 석탄 화력 발전이 전기 발전량으로 39%, 온실가스 배출량으로 77%를 차지할 정도입니다.

## 2차 에너지 혁명을 이끈 석유

석유(petroleum)는 과거 육지나 바닷속에 쌓인 동식물 시체와 같은 유기물이 깊은 땅속에서 열과 압력을 받아 탄화수소(hydrocarbon)로 변하여 생성된 액체 혼합물이며, 천연가스(natural gas)는 이것의 기체 혼합물입니다. 석유와 천연가스 모두 주로 백악기와 쥐라기에 생성되어 이들 지층에서 발견되고 있습니다. 정제하지 않은 석유를 원유(crude oil)라고 하며, 이를 정제하여 휘발유, 경유, 등유, 중유 등을 제조합니다.

세계 최초의 상업 유전(油田)은 1859년 미국 펜실베이니아 주 북서부의 드레이크로, 당시 석유 채굴 작업을 진행한 에드윈 드레이크(Edwin Drake)의 이름을 붙인 것입니다. 초기 석유는 고래기름을 대신할 조명용 기름으로 쓰였는데 이후 원유를 정제해 등유, 휘발유 등으로 사용하게 되면서 석유 산업은 점차 확대되었습니다. 또한 1885년 독일에서 자동차 내연기관이 발명되면서 석유 소비량이 급격히 증가하게 되었습니다. 이전까지 휘발유는 높은 휘발성으로 인한 폭발 위험 때문에 일반 연료로 사용하는 것이 골칫거리였는데, 휘발유를 사용하는 내연기관의 발명으로 이런 문제가 해결되고 수요가 늘어나게 된 것이지요. 아울러 이 시기에 전기가 보급되고 자동차가 대량 생산되면서 석유 수요 역시 급증하고 산업화가 가속화되었는데요, 이러한 변화는 오늘날 2차 에너지 혁명, 석유와 전기의 혁명 등으로 불립니다.

이후 1차 세계대전(1914-1918년)과 2차 세계대전(1939-1945년)을 거치며 석유는 선박, 항공기, 화학공업, 가정용 연료 등으로 더욱 널리 쓰이게 됩니다. 석유 하면 누구나 쉽게 자동차 연료를 떠올리지만, 사실 우리가 일상생활에서 사용하는 수많은 제품에 석유가 들어가 있습니다. 각종 전자제품의 부품과 외장재는 물

 **같은 듯 다른, 여러 가지 '석유'**

LPG, 휘발유, 경우…… 자동차별로 서로 다른 기름을 넣는데, 그 차이가 무엇일까요? 끈적끈적한 검은 액체인 원유를 가열하면 끓는점이 낮은 것부터 높은 것 순으로 증발하여 기화되고 이것을 식히면 끓는점 차이에 따라 여러 가지 석유 제품이 생산됩니다. 우리가 사용하는 석유는 이러한 정제(精製) 과정을 거쳐 생산되고 다양한 용도로 쓰이지요.

원유의 주성분은 탄화수소인데요, 탄화수소는 탄소 원자와 수소 원자의 개수나 연결 모양에 따라 다른 성질을 지니게 됩니다. 따라서 원유를 정제하는 과정에서 끓는점의 차이에 따라 LPG(액화석유가스, -42℃~25℃), 휘발유(gasoline, 40℃~75℃), 나프타(naphtha, 75℃~150℃), 등유(kerosene, 150℃~240℃), 경유(diesel oil, 220℃~250℃), 중유(heavy oil, 350℃ 이상)로 분리하여 뽑아내는 것입니다.

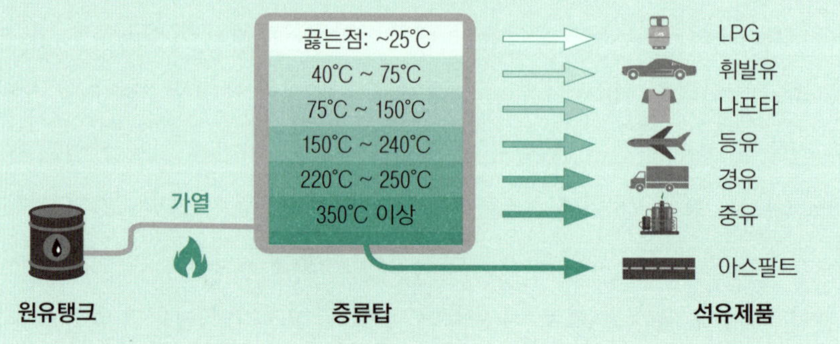

론이고 플라스틱, 고무, 옷(나일론, 폴리에스터 등), 세제, 화장품, 샴푸, 콘택트렌즈, 물티슈, 약, 심지어 먹는 것까지 석유를 원료로 하는 제품은 정말 다양하지요.

이처럼 쓰임새가 유용한 석유이지만, 이산화탄소 배출과 분해되지 않는 쓰레기 배출로 지구를 병들게 한다는 점에서 앞으로 새로운 에너지로 대체하거나 이러한 문제를 해결할 수 있는 기술을 적용해야 할 과거의 자원입니다. 세계 각국의 탄소 배출량을 조사하는 국제 과학자 그룹 글로벌 카본 프로젝트(Global Carbon Project)에 따르면, 2022년 화석 연료 관련 전 세계 이산화탄소 배출량은 375억t에 달하며 이산화탄소를 가장 많이 배출한 화석 연료는 석탄(151억t), 석유(121억t), 가스(79억t), 시멘트(16억t) 순이라고 합니다. 한국 역시 석유와 천연가스의 탄소 배출 기여도가 각각 33%, 22%로 석탄보다는 작지만 꽤 큰 편입니다.


## 화석 연료는 이제 과거의 역사로……

세계적으로 가장 많이 사용되고 있는 화석 연료인 석유는 중동 지역과 러시아, 북미, 남미 지역에 편중되어 있습니다. 특히 중동 지역의 국가들은 석유수출국기구(OPEC, Organization of Petroleum Exporting Countries)를 통해 석유 생산량과 가격을 조정하고 있어 한국처럼 수입에만 의존하는 나라들은 해당 국가들에 국제적, 정치적 이슈가 있을 때마다 불안정한 상황에 놓이기 마련이지요.

그런데 석유의 채취 기술이 발달하면서 과거 40-50년 후면 고갈된다고 하던 석유의 가채량(캐낼 수 있는 양)이 최근에는 100년 이상 될 것으로 전망되고 있습니다. 과거에는 육지에서만 석유 채취가 가능하고 바다에서는 해저 300m 이내의 대륙붕 아래에서만 채취할 수 있었습니다. 그러나 석유 탐사와 채굴 기술이 고도화되면서 이제는 깊은 바닷속에서도 채굴이 가능해졌습니다. 현재 멕시코만의 1,000m 깊은 해저 아래에서도 원유를 채굴하고 있고 이에 따라 원유 가채량이 계속 증가하고 있습니다.

아울러 채굴 기술이 발전하면서 전통적 석유 자원인 원유와 천연가스 외에 비전통적 석유 자원으로 분류되는 셰일가스(shale gas, 퇴적암층인 셰일층에 존재하는 천연가스)와 셰일오일(shale oil, 셰일층에 존재하는 천연가스에서 발견되는 원유), 오일샌드(oil sand, 원유를 포함하는 모래 혹은 사암) 등을 채굴하게 되면서 석유 자원은 더욱 풍부해지고 있는데요,* 문제는 이렇게 비전통적 석유 자원들이 개발되고 사용량이 늘어남에 따라 지구 환경은 더 빨리, 더 많이 나빠질 수 있다는 것입니다. 비전통적 석유 자원들은 채굴하고 사용하는 과정에서 원유나 천연가스보다 메탄이나 이산화탄소 등 온실가스를 더 많이 발생시킵니다. 또한 셰일오일과 셰일가스를 채취하기 위해 사용하는 화학약품은 지하수나 토양에 스며들어 환경을 오염시키고, 강력한 고압의 물줄기를 사용하는 수압파쇄법은 땅에 충격을 주어 지진을 일으키기도 합니다.

한편, 석탄은 석유에 비해 세계 각 대륙에 고루 분포되어 있는 편입니다. 지역마다 질 차이가 크기 때문에 매장량보다는 어디에 얼마나 질이 좋은 석탄이 묻혀 있는지가 중요시되고 있지요. 몇 년 전 국제에너지기구(IEA)가 현재 인류가 소비하는 양과 속도를 기준으로 추정한 바에 따르면, 앞으로도 약 200년 정도는 사용할 수 있는 석탄이 세계 각지에 매장되어 있다고 합니다.

온실가스 배출 함량이 높은 석탄을 단계적으로 줄여 가는 데 세계 각국이

---

★ 전통적 석유 자원인 석유와 가스는 오랜 세월 열과 압력으로 가벼워져 지표면 부근으로 올라와 모여 있기 때문에 수직시추 방법을 통해 채굴합니다. 반면 셰일가스와 셰일오일 등은 땅속 퇴적암층인 셰일층에 갇혀 있기 때문에 수평시추, 수압파쇄 등 고도의 기술이 필요하게 되지요. 또한 모래 속에서 굳어진 오일샌드도 분리기나 수증기 분사 방법 등으로 석유를 걸러 내는 기술이 개발되면서 채굴이 가능해졌습니다.
과거 2000년대 중반 세계 경제가 호황을 이루면서 석유 공급 부족 상황이 나타나고 유가가 급속히 상승하였습니다. 이에 산유국들은 자원민족주의를 내걸고 석유를 무기화하는 경향을 드러냈지요. 이에 석유 소비량이 큰 미국과 유럽, 아시아 각국은 석유를 확보하기 위해 치열한 자원전쟁을 벌이며 더 깊은 바닷속이나 북극해까지 유전 개발을 확장해 나갔는데요, 전통적 석유 생산 방식으로는 한계에 이르자 비전통 석유 자원인 셰일가스, 셰일오일 등에 대한 연구개발이 미국을 중심으로 활발히 진행되었습니다.

합의한 상태이지만, 중국과 인도와 같은 개발도상국들은 값싸고 안정적인 석탄 사용을 줄이기가 쉽지 않습니다. 한국 역시 절대량 측면에서는 이들보다 훨씬 적지만, 석탄 화력 발전의 비중이 아직 높은 편인데요, 영국, 독일, 미국, 일본 등 다른 OECD 국가들은 지속적으로 탄소 배출량을 줄이고 마이너스 증가율을 기록하고 있지만, 한국은 지난 20여 년간 평균 2%씩 증가했습니다.

과거에는 화석 연료가 그 양이 한정되어 있는 자원이기 때문에 고갈을 대비해 새로운 에너지 자원을 찾아야 한다는 목소리가 컸습니다. 그러나 이제는 석탄이나 석유 자원을 다 쓰기 전에 기후 변화로 인해 회복할 수 없는 상태에 이를 수 있는 지구 생태계와 인류의 삶을 걱정해야 하는 현실이 되었습니다. 여전히 비용이나 효율 면에서 화석 연료만 한 에너지 자원이 없다 하더라도 이제는 지구와 인류의 공생을 위해, 미래 세대의 건강한 삶을 위해 화석 에너지 중심의 에너지 사용에서 벗어나고자 인류가 지혜를 모아야 할 때입니다.

영국의 시사주간지 〈이코노미스트〉는 석탄 경제를 멈추자는 내용의 특집기사를 2020년 12월 첫째 주에 실었습니다. 사진은 당시 표지입니다. 방금 불이 막 꺼진 듯한 석탄이 유리관 안에 담겨 있고 아래에는 '18세기-21세기'라고 쓰여 있습니다. 화석 연료 중심의 에너지 사용은 이제 과거의 역사로 하고 새로운 에너지 시대를 열어 가야 하지 않을까요?

# 우리 삶에 꼭 필요한 전기 에너지

오늘날 전기가 없는 삶은 상상하기 힘들 만큼 전기는 우리의 일상생활은 물론 사회, 경제가 원활히 돌아가게끔 유지시켜 주는 고마운 에너지입니다. 아침에 눈을 뜨고 늦은 밤 잠자리에 들기까지 우리는 전기를 이용합니다. 휴대폰 알람 소리에 일어나 전등을 켜고, 정수기 물을 마시며, 전기밥솥으로 지은 밥을 먹습니다. 휴대폰에 이어폰을 연결해 음악을 듣고, 버스나 지하철, 전동킥보드 등을 타고 이동합니다. 태블릿 PC나 노트북을 가지고 다니며 인터넷 강의를 듣고 게임을 하기도 하지요. 아울러 학교, 회사, 공공기관, 각종 산업시설과 사회기반시설(한 사회의 교통, 문화체육, 보건위생, 통신 시설 등)을 유지하는 데 바탕이 되는 에너지도 전기이지요.

이렇게 우리 삶에 꼭 필요한 에너지인 전기는 기후 변화와 어떤 연관성이 있을까요? 앞서 이야기했듯이 오늘날 지구 온난화를 일으키는 가장 큰 원인은 화석 연료 중심의 에너지 이용에 있는데요, 전기 에너지의 대부분이 석탄, 석유, 천연가스와 같은 화석 연료를 연소시키는 화력 발전을 통해 생산됩니다. 그중 석탄 화력 발전은 가장 저렴하고 빠르게 전기를 얻을 수 있는 방법이지만, 기후 변화를 일으키는 탄소 배출의 주범이지요. 만약 천연가스 발전을 한다면 탄소 배출량이 석탄 발전보다 약 3분의 1 정도로 줄 수 있지만, 그 역시 태양광 발전이나 풍력 발전과 같은 재생 에너지보다는 15배에 달하는 양이라고 합니다.

산업이 발전하고 경제가 발전할수록 전기 수요는 늘어날 수밖에 없습니다. 앞으로 인공지능(AI, Artificial Intelligence) 기술이 사회 전반에 더욱 일반화될수록 대규모 데이터를 저장·관리하고 서버 운영, 인터넷 서비스 지원 등을 하는 데이터 센터의 전력량이 더욱 급증할 텐데요, 이에 세계 많은 국가들이 기후 변화에 대응하면서 사회의 전기 수요를 안정적으로 감당하기 위한 방법으로 재생 에너지 중심의 발전 시설을 확대하고 이를 뒷받침할 수 있는 기술의 연구개발에 힘쓰고 있습니다.

## 전기는 어디에서, 어떻게 우리에게 올까?

전기는 어디에서 만들어지고, 어떻게 옮겨져 우리가 사용할 수 있는 걸까요? 우스갯소리로 전기는 콘센트에서 나온다는 말을 하기도 하지만, 이 책을 읽는 우리는 발전소에서 석탄이나 가스, 원자력, 수력 에너지 등을 이용해 발전기를 돌리고 전기를 생산한다는 것을 잘 알고 있지요? 그런데 발전기를 통해서 만들어진 전기는 바로 사용하지 않으면 번개처럼 사라지게 됩니다. 따라서 전기를 저장할

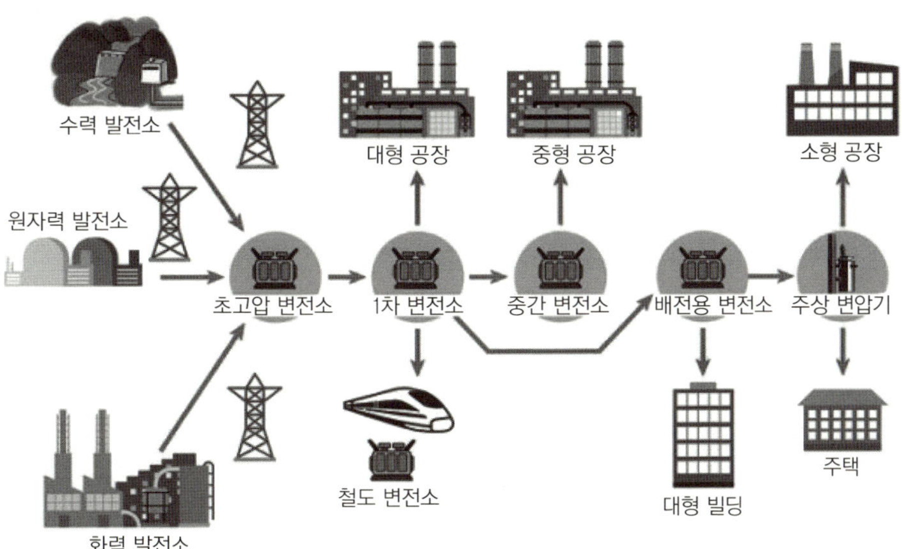



발전소에서 가정에까지 이르는 전기의 흐름을 나타낸 그림입니다(자료: 한국전력공사). 우리가 편리하게 전기를 이용할 수 있는 것은 이처럼 여러 곳에서 체계적인 과정을 통해 전기가 만들어지고 전달되기 때문이겠지요.

수 있는 배터리나 양수 발전★과 같은 기술이 필요하며, 전기를 효율적으로 운반해 공급하고 사용할 수 있는 전력망을 구성하고 유지하는 일은 사회 전체적으로 매우 중요하지요.

　그렇다면 전력망(電力網, electrical grid)이란 무엇일까요? 발전소에서 전기를 만들어 전압을 조정하는 변전소까지 보내는 송전(送電, power transmission), 변전소에서 가정이나 학교, 공장 등 소비처로 전기를 공급하는 배전(配電, power distribution) 등을 아울러 전기가 공급되는 경로 전체를 전력망 또는 계통망이라고 부릅니다.

　전기 수송 과정에서 전압을 조정하는 변전은 여러 차례 이루어집니다. 발전소에서 마지막 변전소까지 전기를 보내는 동안 손실을 줄이기 위하여 전압을 높이는데요, 낮은 전압으로 송전하면 저항(resister)이 생겨나 전기가 열에너지로 바뀌어 전기량에 손실이 발생하기 때문입니다. 발전소에서 변전소까지 전기를 보내는 송전 과정에서는 154kV(킬로볼트)에서 765kV까지 고압 전기로 옮기고, 변전소에서 소비처로 전기를 배전하는 과정에서는 110V, 220V 등 일반 사용자들이 사용하기에 적절한 수준까지 전압을 낮춘다고 합니다.


## 전력망 분산화가 필요해!

발전소는 전력 소비지 근처에 세우는 것이 좋습니다. 송전을 하게 되면 전기가 손실되고 고압으로 송전 시에 진동이나 소음, 전자파의 위험이 있기 때문입니다. 그러나 화석 연료를 사용하는 화력 발전소는 전기를 생산하면서 많은 양의 미

---

★　양수 발전(PSH, Pumped-Storage Hydroelectricity)은 수력 발전(위에서 아래로 떨어지며 발생하는 물의 에너지를 이용한 발전)의 한 방식입니다. 발전소의 위쪽과 아래쪽에 각각 저수지를 설치한 후 전기 사용량이 적은 시간대에 남아도는 전기를 이용해서 물을 위쪽 저수지로 끌어올려 저장해 두었다가 전기가 부족할 때 아래로 내려보내 전기를 만들어 내는 방식이지요.

세먼지와 이산화탄소 등을 배출하고, 원자력 발전소는 방사능 누출 위험 등이 있기 때문에 되도록 도시 지역과 먼 곳에 설치하여야 하는데요, 한편으로는 발전소가 전기 수요지와 멀리 떨어질수록 고압의 송전선로를 건설해야 하고 송전 손실 또한 커지기 때문에 무작정 멀리 세울 수도 없습니다. 그래서 우리나라의 석탄 발전소는 전기 사용량이 많은 수도권과 가까운 지역인 인천광역시와 충청남도에 몰려 있고, 원자력 발전소는 경상북도 울진군과 월성군(경주시), 전라남도 영광군, 울산광역시에 집중적으로 건설되어 있지요. 2023년 기준 국내 전체 전력 생산량의 약 60%가 이들 지역에서 만들어지고 있습니다.

우리나라는 전국이 하나의 전력망으로 구성되어 있고 전기가 하나로 연결되어 있기 때문에 높은 전력예비율(reserve margin)★을 유지하여야 합니다. 반면 미국은 전력망을 7개 권역으로 나누어 관리하고 있고, 일본도 10개의 송배전 회사가 전력망을 분리·관리하고 있습니다. 전력망이 하나로 연결되어 있으면 전기의 안정성을 보장하기 쉽습니다. 그러나 혹시라도 문제가 생기면 전국이 정전이 되는 것과 같은 위험한 상황이 발생할 수도 있지요. 어느 날 갑자기 전기가 뚝 끊어지면 어떤 일이 발생할까요? 전등을 켜지 못해 집 안은 캄캄하고, 냉장고 속 음식은 상하고, 빨래도 하지 못하고, 휴대폰 충전도 못하고…… 불편한 게 한두 가지가 아닐 겁니다. 엘리베이터가 멈추어 계단을 오르내려야 하고, 거리에 나가면 신호등이 마비되어 교통지옥이 따로 없을 것입니다. 컴퓨터는 물론 통신망에서 사용하는 네트워크 장비도 가동할 수 없어 인터넷을 사용할 수 없고, 방송을 보거나 들을 수도 없을 것입니다. 휴대폰 중계기지와 데이터 센터도 가동하지 못해 휴대전화도 먹통이 되겠지요. 집, 학교, 회사, 공장 어느 곳 하나 제대로 운영될 수 없고 사회 전체의 기능이 정지되어 엄청난 혼란을 겪게 될 것입니다.

---

★ 전력예비율이란 '현재 사용되는 전기보다 추가 전력을 얼마나 더 공급할 수 있느냐'를 보여 주는 수치입니다. 전기 공급 능력에서 최대 전력 수요를 뺀 수치를 최대 전력 수요로 나누어 구하는데, 식으로 나타내면 '전력예비율 = (총 공급 전력량 − 최대 전력 수요 / 최대 전력 수요) × 100'이지요.

이러한 대규모 정전 상황에 대비해 우리나라의 전력거래소는 언제나 전력예비율을 필요 전력보다 15% 정도 높게 유지하고 있습니다. 전력예비율을 얼마나 유지해야 하는지에 대한 정답은 없습니다. 예비율을 높게 유지하면 전력 비상사태에 대비한 안전성을 유지할 수 있지요. 하지만 그만큼 전기를 많이 생산해야 하므로 비용이 많이 들고 낭비되는 전기가 많으며 탄소 배출이 늘어나게 되는데, 이는 탄소 중립을 이루어야 하는 기후 위기 시대에 역행하는 일이지요. 따라서 우리나라도 더 늦기 전에 전력망을 분산화하고 재생 에너지 발전을 확대하는 방향으로 나아가야 할 것입니다.

## 기후 위기 시대, 인공지능을 어떻게 활용해야 할까?

기후 위기 시대의 에너지 전환을 이야기할 때 꼭 함께 고민해야 할 문제가 '인공지능(AI) 기술이 보편화되면서 급증하는 전력 수요를 어떻게 감당할 것인가'라는 점입니다. 특히 최근에는 인간처럼 말하고 반응하는 생성형 인공지능(generative artificial intelligence)이 발전하면서 탄소 중립을 위협하는 새로운 변수로 떠오르고 있는데요, 어떠한 면에서 그러한지 함께 살펴볼까요?

인공지능 기술이 많은 사람들에게 알려진 계기는 아마도 2016년 3월에 진행된 이세돌(당시 바둑 세계랭킹 1위) 9단과 알파고(AlphaGo, 구글 딥마인드★가 개발한 인공지능 바둑 프로그램)의 바둑 대결일 듯합니다. 이 대결은 인간과 인공지

---

★ 세계 최대의 인터넷 기업 구글은 2014년 영국의 한 회사를 4억 달러에 인수합니다. 이 회사는 창업한 지 4년 된 작은 회사였지만, 구글은 이 회사에서 만든 컴퓨터 알고리즘에 주목하였는데요, 시간이 지나 이 회사의 기술은 구글의 주력 사업을 전환하는 계기로 작용하게 됩니다. 2017년 구글은 회사의 주력 사업을 모바일에서 인공지능 개발로 전환한다고 발표하는데요, 구글의 미래를 바꾸어 놓은 이 회사가 바로 딥마인드 테크놀로지, 지금의 '구글 딥마인드'입니다.

능이 벌이는 '세기의 대결'로 불리며 많은 사람들의 주목을 받았는데요, 결과는 어땠을까요? 많은 이들이 알고 있듯이, 총 5번의 대국 중 4번을 인공지능 알파고가 승리합니다. 당시 이 사건은 그해의 가장 큰 이슈로 오르내렸고 전 세계가 인공지능 기술에 놀라움을 지니게 되었지요. 이후 알파고는 수많은 인간과의 대결에서 단 한 번도 진 적이 없다고 합니다. 현재 바둑 세계랭킹 1위인 신진서 9단은 인공지능을 통해서 바둑의 새로운 기보를 배우고 연구하고 있지요.

2022년 11월 오픈아이(OpenAI)★가 공개한 프로토타입의 대화형 인공지능 챗봇, 챗GPT가 등장하면서 인공지능 기술은 우리 일상 속으로 한층 가까이 들어오게 되었습니다. 챗GPT는 공개된 지 불과 4일 만에 사용자 수가 100만 명을 넘고 2023년 1월에는 1억 명 이상으로 늘어나 역사상 가장 빠르게 사용자가 증가하는 프로그램이 되었지요. 이후 챗GPT는 생성형 인공지능의 대표적 프로그램으로 자리 잡고 있는데요, 생성형 인공지능(generative AI)이란 대규모 데이터와 패턴을 학습한 후 기존의 데이터를 활용하여 이용자의 요구에 따라 텍스트, 이미지, 비디오, 음악, 코딩 등 새로운 결과를 만들어 내는 인공지능 기술을 말합니다. 즉 오늘날 인공지능 기술은 보고서를 작성하고, 작곡을 하고, 시를 짓고, 그림을 그리는 등 창의적인 일들을 능숙히 수행할 수 있을 정도로 발전하고 있지요. 이전까지의 인공지능이 일부 영역의 사람들만 주로 사용하는 기술이었다면, 챗GPT와 같은 생성형 인공지능은 일반 대중들이 생활 속에서 사용할 수 있는 인공지능 기술이라고 할 수 있습니다. 사용자가 질문을 하면 질문에 대한 대답을 몇 초 이내에 하고, 제목을 제시한 후 보고서를 쓰라고 요청하면 짧은 시

---

★ 오픈아이는 일론 머스크(Elon Musk)와 샘 올트먼(Sam Altman), 그리고 그렉 브록만(Greg Brockman)이 구글의 딥마인드에 대항하기 위해 2015년에 만든 비영리 회사입니다. 일론 머스크와 샘 올트먼은 자본을 대주는 역할을 하고, 실제로는 그렉 브록만이 회사 운영을 주도했지요. 이후 오픈아이는 마이크로소프트 등 많은 기업과 투자자로부터 투자를 받아 기업 가치가 10억 달러 이상인 비상장 스타트업을 일컫는 유니콘 기업으로 성장하였고, 2024년에는 800억 달러 가치에 달하는 회사로 성장하였습니다.

간에 일목요연하게 작성해 줍니다. 검색어를 입력하면 개념과 사례 등을 바로 정리해 보여 주기 때문에 포털 사이트에서 주로 행하던 검색 기능을 챗GPT에서 이용하는 사람들도 점점 증가하고 있습니다. 2024년 공개된 챗GPT-4o★ 버전에서는 속도의 지체 없이 실시간 음성 모드가 이루어져 마치 진짜 사람과 대화하는 것 같은 기분이 들 정도라고 합니다.

## 인공지능은 '전기 먹는 하마'다?

이처럼 챗GPT의 영향력이 전 세계적으로 다양한 영역에서 확대되고 있는데요, 아이러니하게도 챗GPT를 만든 회사 오픈아이는 시간이 갈수록 적자 규모가 커지고 있다고 합니다.★★ 사용자가 늘고 투자자도 늘고 있는데 왜 적자가 갈수록 커질까요? 원인은 여러 가지가 있지만, 가장 큰 요인은 유지 비용입니다. 사용자가 늘면 늘수록 챗GPT를 유지하는 데 드는 비용이 커지는 것인데요, 생성형 인공지능 프로그램을 원활하게 구동하기 위해서는 그래픽처리장치(GPU)를 지속적으로 늘려 주어야 하고 그에 따라 전력 사용량도 증가하게 됩니다.

2024년 3월 9일 〈더 뉴오커*The New Yorker*〉는 챗GPT가 하루에 약 2억 건의 질문을 처리하며, 이를 위해 소비하는 전력량이 하루 약 50만kWh 정도로 추정된다고 보도했는데요, 우리나라 4인 가정의 하루 평균 전력소비량이 약 11kWh★★★라는 점을 보면 우리나라 가정 약 4만 5,500 가구가 하루에 사용하는 에너지를 챗GPT는 검색 서비스를 제공하는 데 매일 소모한다고 볼 수 있지요.

---

★　'챗GPT-4o'에서 'o'는 모든 것을 뜻하는 'Omni'를 의미합니다.

★★　〈매일경제〉 2024년 8월 24일자 보도에 따르면, 챗GPT의 2024년 적자 규모가 약 50억 달러(약 7조)에 이른다고 해요.

★★★　2023년 기준으로 한국전력공사에서는 4인 가구 월평균 전력소비량을 332kWh라고 하여 전기요금의 기준을 332kWh로 잡고 있습니다.

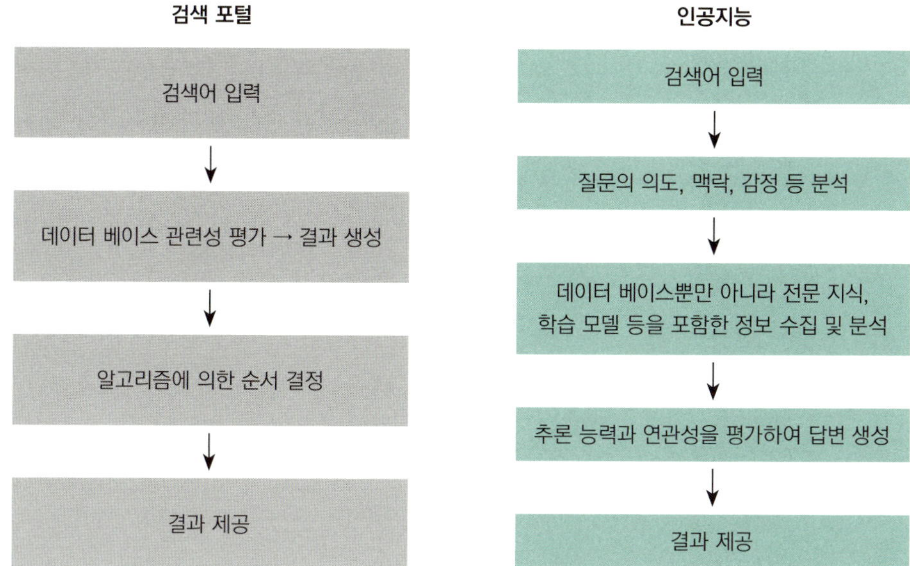



지금까지 대부분의 사람들은 주로 구글이나 네이버 같은 포털 사이트에서 검색을 하곤 했습니다. 그런데 최근에는 인공지능으로 검색하는 사람이 늘고 있는데요, 구글에서 검색을 하면 평균 0.3Wh(와트시)가 소비되지만 챗GPT에서 검색을 통해 한 번 질문을 주고 받으면 약 2.9Wh의 전력이 소비된다고 합니다.★ 거의 10배의 전력이 더 소모되는 것이지요. 게다가 텍스트는 물론 이미지 생성까지 포함하면 구글에서 검색하는 것보다 약 70배 정도의 에너지가 소모되는데요, 이처럼 인공지능 검색이 에너지를 더 많이 소비하는 이유는 위와 같은 경로 차이와 수많은 연산 때문입니다.

검색 포털에서 검색을 진행하면, 정해진 알고리즘에 따라 웹의 데이터베이스에서 정보를 검색한 후 순서를 결정해서 내보내게 됩니다. 절차가 매우 간단

---

★ 〈동아일보〉 2024년 5월 18일자 "AI붐에 웃는 '닥터 코퍼' 전력 소비 늘자 '21세기 석유로'" 기사에서 인용한 내용입니다.

한 편이지요. 그러나 인공지능에서 검색을 진행하면, 인공지능은 먼저 사용자의 질문을 이해하고 분석하는 과정을 거칩니다. 단순하게 질문 자체로 답을 생성하는 것이 아니라 질문에 대한 맥락을 이해하기 위해서 수많은 데이터와 학습된 모델들을 활용하지요. 또한 질문에 대한 이해가 끝나면 웹뿐만 아니라 전문 자료 등 다양한 관련 정보를 추출하고 새롭게 가공하는 과정을 거칩니다. 즉 챗 GPT와 같은 생성형 인공지능 프로그램은 검색 포털에 비해 광범위한 데이터를 찾고, 수많은 연산 작업을 행하는 등 보다 많은 단계를 거치기 때문에 검색 포털에서 검색하는 것보다 훨씬 많은 에너지를 사용하게 되는데요, 이러한 이유로 오늘날 많은 이들이 인공지능을 '전기 먹는 하마'라고 부릅니다.

## 인공지능이 가속화시키는 기후 변화

경기도 안산시 한양대학교 에리카 캠퍼스(ERICA)에는 2023년 건설된 카카오의 첫 자체 데이터 센터가 있습니다. 이곳은 연면적이 4만 7,378m² 달하는 초대형 규모로 12만 대의 서버를 보관할 수 있으며 6EB(엑사바이트)에 달하는 데이터를 저장할 수 있다고 합니다. 카카오는 여기에 그치지 않고 또 다른 대규모 데이터 센터를 짓기 위해 준비 중인데요, 인공지능과 클라우드(cloud) 신사업을 전개하기 위해 데이터 센터 건립을 지속적으로 추진할 예정이라고 합니다. 네이버 역시 강원도 춘천시와 세종특별자치시에 자체 데이터 센터를 가지고 있습니다. 또한 포털 업체뿐만 아니라 KT, SK브로드밴드, LG유플러스 등 이동통신사도 데이터 센터를 운영하고 있습니다. 정보통신 사회에서 데이터 센터는 매우 중요하고 꼭 필요한 곳이지요. 특별히 생성형 인공지능 기술이 확장되면서 더 많은 데이터를 보관하고, 더 많은 연산 작업을 수행할 수 있는 데이터 센터의 역할은 더더욱 중요해지고 있는데요, 이러한 이유로 데이터 센터가 전 세계적으로 증가하고 있습니다. 국제에너지기구(IEA) 보고서에 따르면 2015년 3,600여 개이던

데이터 센터가 2024년 초에는 7,000여 개로 늘었다고 합니다.

우리나라를 비롯해 전 세계의 수많은 IT기업들이 인공지능 기술을 개발하고 교육, 자동차, 의료, 서비스, 보안 등등 다양한 분야에 접목하기 위해 노력하고 있습니다.

인공지능 기술의 발전과 보편화는 결국 데이터 센터의 증가와 이를 운영하기 위한 전기 에너지의 증가를 불러올 수밖에 없는데요, 문제는 데이터 센터가 증가하는 만큼 전력 소비량도 함께 늘고 있다는 점입니다. 국제에너지기구(IEA)는 2020년 데이터 센터 전력 소비량이 460TWh였지만 2026년에는 약 1,050TWh에 이를 수 있다고 경고하였는데요, 1,000TWh가 어느 정도인지 감이 잘 안 오는 친구들을 위해 한 예를 들면, 일본 전체에서 1년 동안 쓰는 전력 소비량이 1,000TWh 정도라고 합니다.★ 이러한 이유로 많은 글로벌 기업들은 RE100에 동참하여 재생 에너지 사용을 확대하거나 친환경 재생 에너지 생산 시설을 직접 만드는 등 여러 노력을 기울이고 있는데요, 그러나 아직은 인공지능 서비스 확대와 함께 급증하고 있는 전력 사용량을 충당하기에 급급한 상황이고, 재생 에너지 발전 시설이 부족한 국가에서는 더 많은 화석 연료를 사용할 수밖에 없는 현실입니다. 이처럼 인공지능 기술의 발전이 기후 변화를 가속화시키는 현실

---

★ 〈조선일보〉 2024년 4월 24일자 "챗GPT에 질문하면 구글 검색 10배 전기 사용" 기사에서 인용한 내용입니다.

에 우리는 직면해 있는데요, 미래 인류의 보다 나은 삶을 위해 어느 것 하나 놓칠 수 없는 과제인 '인공지능 기술의 발전'과 '기후 위기 해결'을 우리는 어떻게 풀어 나가야 할까요?

## 인공지능 기술을 활용한 에너지 전환!

기후 위기는 인류의 생존이 달린 문제입니다. 따라서 '인공지능 기술의 발전'과 '기후 위기 해결'중 꼭 하나를 선택해야 한다면, 당연히 후자를 선택해야 하겠지요. 그러나 한편으로 인공지능 기술의 발전은 거스를 수 없는 미래 사회의 흐름이기도 합니다. 실제로 기후 위기에 대응할 수 있는 가장 주요한 방법인 에너지 전환을 이루기 위해서는 인공지능 기술이 뒷받침되어야 한다고 전문가들은 말합니다. 특별히 분산 에너지로 에너지를 전환하는 과정에서 인공지능 프로그램이 많이 사용될 것이라고 하는데요, 어떠한 분야에서 그러한지 한번 생각해 볼까요?

먼저, 날씨 예측 분야입니다. 재생 에너지 사용이 확대된 분산 에너지 환경이 잘 자리 잡기 위해서는 현재의 수준보다 훨씬 정교하고 정확한 기상 예측이 필요합니다. 예를 들면, 햇볕의 강도에 따라 태양광 발전량이 달라지고 바람의 세기에 따라 풍력 발전량이 달라질 수 있으므로 보다 정확한 날씨 예측이 뒷받침된다면 발전량과 전기 사용량 등을 적절히 조절하여 안정적인 전기 공급이 이루어질 수 있을 것입니다. 날씨 예측은 다양한 기상 관측 장비와 위성 기술을 사용해 대규모 데이터를 수집·분석해 이루어지는데요, 이에 더하여 인공지능 기술은 방대한 양의 기상 데이터를 보다 효율적으로 처리하고 날씨 패턴을 예측하는 데 도움을 줄 수 있을 것입니다.

두 번째는 전기 수요 예측 분야입니다. 날씨가 더워지거나 추워지면 에어컨이나 선풍기, 온풍기 등의 사용이 많아져 전기 수요가 늘어납니다. 산업 현장에

서 밤낮으로 공장을 가동하는 경우에는 밤에도 전기 수요가 높아지고요. 그러
므로 보다 정밀한 전기 수요 예측을 통하여 여러 가지 상황과 변수에 따른 전기
공급량을 적절히 관리하는 일이 중요한데요, 인공지능 기술은 이러한 작업에도
큰 도움을 줄 수 있습니다. 각 가정과 공공기관, 산업 시설 등의 전기 사용량이
계절이나 시간대에 따라 어떻게 변동하는지를 나타낸 데이터, 과거 시점부터 현
재까지 날씨에 따른 지역별 데이터 등을 인공지능으로 분석하여 전기의 수요를
예측하고 대비할 수 있지요.

세 번째는 전기 수요 예측이 맞지 않을 경우를 대비하는 시뮬레이션
(simulation) 기술 분야입니다. 안정적인 전력 공급은 사회 전체의 생산과 소비
활동은 물론 사회 구성원들의 원활한 일상생활을 위해 뒷받침되어야 합니다. 따
라서 분산 에너지 환경에서는 전기 수요와 공급에 영향을 미칠 수 있는 다양한
경우에 대비하여 시뮬레이션을 이행하고, 그 결과에 따라 전력 공급이 안정적으
로 유지될 수 있도록 준비해야 할 텐데요, 인공지능 기술을 사용하면 정교한 시
뮬레이션 작업을 통해 현실의 다양한 위기 상황에 대처할 수 있을 것입니다.


이처럼 인공지능은 인류가 기후 위기에 효과적으로 대응할 수 있도록 도움
을 주는 기술이므로 국가나 사회 전체적으로 이를 잘 활용할 수 있는 기술을 개
발하고 시스템을 갖추어 나가야 할 것입니다. 아울러 인공지능 기술을 사용할
때 소비되는 전력 소모를 최대한 줄일 수 있는 방안도 함께 찾아 나가야 할 텐데
요. 실제로 많은 기업들이 데이터 센터 전체 전력 소비량의 약 40%를 차지하는
냉각 시스템에 고도의 기술을 적용해 에너지 효율성을 높이고 탄소 배출량을
낮추는 방안을 개발하고 있다고 합니다.

더불어 우리 개인들은 간단한 검색이나 자료 찾기 등을 할 때는 인공지능
프로그램보다 인터넷 검색이나 책 등을 이용하고, 스마트 미디어를 습관적으로
사용하지 않기 위해 노력하면 좋을 것 같습니다. 챗GPT 같은 생성형 인공지능

프로그램을 이용하면 어려운 수학이나 과학 문제도 풀어 주고, 그럴 듯한 보고서도 써 주니 참 편리하지요? 모르는 것이 있을 때 인공지능 프로그램에 물어보고 재빨리 답을 얻는 것이 참 편하기는 합니다. 그러나 편하게 얻은 지식은 그만큼 쉽게 잊혀지기 마련입니다. 나의 생각을 통해 나의 언어로 풀어낸 것이 내 안에 남기 마련이지요. 조금 불편하더라도 다양한 자료를 찾아보고 시간을 들여 사고하는 것이 나의 생각을 키우고 에너지 절약을 실천할 수 있는 길이라는 점을 기억하고 우리 함께 실천하면 좋겠습니다.

# 자동차는 진화한다!

두 가지 질문을 해 보겠습니다. 첫 번째 질문, 여러분은 하얀색과 파란색, 자동차 번호판의 차이를 알고 있나요? 두 번째 질문, 여러분은 내연기관 자동차, 하이브리드 자동차, 전기 자동차의 차이를 알고 있나요? 이 두 질문에 바로 대답할 수 있는 친구는 아마도 기후 위기 문제에 어느 정도 관심을 가지고 있는 친구일 겁니다. 우리가 타고 다니는 자동차 역시 그 편리함 뒤에는 온실가스 배출이라는 그림자가 드리우고 있기 때문이지요.

하얀색 자동차 번호판은 일반 승용차, 파란색은 전기차와 수소차 등 친환경 자동차의 번호판 색입니다. 공해 없는 맑은 하늘을 상징하는 듯한 파란색 번호판은 눈에 잘 띄기 마련인데요, 고속도로나 공용 주차장 등에서 쉽게 구분되고 주차료, 통행료 감면 등 친환경 자동차 관련 혜택도 받을 수 있습니다.

내연기관 자동차(ICEV, Internal Combustion Engine Vehicle)란 엔진을 사용해 움직이는 차입니다. 내연기관차의 동력 시스템은 복잡한 구조의 엔진과 변속기, 엔진에 화석 연료를 공급하는 연료계, 엔진이 연소한 가스를 배출하는 배기계 등으로 구성됩니다. 가솔린(휘발유) 자동차, 디젤 자동차, LPG 자동차 등 석유와 천연가스를 연료로 하는 차가 내연기관 자동차에 포함되지요. 내연기관 자동차는 현재 우리가 일반적으로 타고 있는 편리한 운송 수단이지만 엔진이 연소되는 과정에서 온실가스를 배출한다는 큰 문제가 있습니다.

하이브리드 자동차(HEV, Hybrid Electric Vehicle)는 내연기관의 엔진과 전기 자동차의 배터리를 모두 지닌 자동차입니다. '하이브리드(hybrid)'란 서로 다른 성질을 지닌 두 가지 이상의 요소가 합쳐진 것을 의미하는데요, 하이브리드 자동차는 저속 주행 시 전기 모터를 활용하고 고속 주행 시에는 엔진을 사용합니다. 또한 하이브리드 자동차는 배터리 용량과 충전 가능 여부에 따라 하이브리드(HEV)와 플러그인 하이브리드(PHEV)로 분류

할 수 있습니다. 일반적인 하이
브리드 자동차는 배터리가 작아
서 충전을 따로 하지 않고, 플
러그인 하이브리드 자동차는 배
터리가 커서 전기선(플러그)을
이용해 충전을 합니다. 아, 그리
고 하이브리드 자동차는 친환경
자동차이지만 그 정도가 낮기
때문에 번호판 색이 하얀색입
니다.

수소 자동차(FCEV, Fuel Cell Electric Vehicle)의 정확한 명칭은 '수소연료전기자동
차'입니다. 이름에 '전기'가 포함되어 있듯이 전기 자동차의 일종이지요. 수소차도 전기 자
동차와 동일하게 전기로 움직입니다. 다만 배터리에 있는 전기를 사용하지 않고 수소연
료전지에서 직접 전기를 만들어 사용합니다. 그래서 배터리 크기는 전기차보다 훨씬 작
지만, 현재는 전기차 배터리보다 비용이 더 큰 연료전지(스택)와 수소탱크를 장착해야
합니다. 물 증발 이외에 배출 가스가 없고, 전기차보다 주행 거리가 길며 충전 시간이
빠른 것이 큰 장점입니다. 그러나 수소 생산 비용, 안전성, 충전소 부족 등 해결해야 할
과제가 많은데요, 트럭이나 버스와 같이 전기가 대량으로 필요한 대형 차량 부분에서
는 일반 전기차보다 비용이나 효율 면에서 경쟁력이 있다고 합니다.

전기 자동차(EV, Electric Vehicle)는 배터리와 전기 모터를 사용해 움직이는 차입니
다. 전기차의 동력 시스템은 바퀴를 굴려 주는 전기 모터와 모터에 전기 에너지를 공급
하는 배터리로 구성되지요. 배터리에 충전된 전기 에너지를 동력 삼아 움직이므로 온실
가스를 배출하지 않고, 내연기관차에 비해 에너지 손실이 적으며 충전 및 유지 비용이
적다는 것이 큰 장점입니다. 배터리 용량의 한계로 주행 거리가 제한되며, 아직 충전
인프라가 부족하다는 점 등은 단점이지요. 또한 고품질의 배터리를 개발해 화재나 폭발
의 위험성을 낮추는 것이 과제로 꼽힙니다.

# 기후 위기 시대의 자동차는?

'왜 전기 자동차를 타야 하지요?'라고 묻는다면 가장 큰 이유는 지구 온난화를 가속화하는 온실가스를 내뿜지 않기 때문입니다. 어떤 사람들은 '전기차의 동력원이 되는 전기도 어차피 화석 연료를 사용해서 만드는 것 아니에요?' 하고 내연기관차를 타는 것과 별 차이가 없다고 주장하기도 하는데요, 정말 그럴까요? 물론, 전기를 만들기 위해서 화석 연료를 사용하는 것은 맞습니다. 그러나 100% 모두 화석 연료를 사용하는 것은 아닙니다. 2022년 우리나라의 에너지원별 발전량을 나타낸 아래 표를 보면 석탄(32.5%), 유류(0.3%), 가스(27.5%)를 합한 화석 연료 사용 비중이 60.3%이고요(자료: 한국전력공사 연도별 한국전력통계), 이러한 화석 연료 사용 비중은 앞으로 에너지 전환을 통해 줄여 나갈 수 있습니다.

| | 원자력 | 석탄 | 유류 | 가스 | 신재생 | 기타 | 계 |
|---|---|---|---|---|---|---|---|
| 발전량 (GWh) | 176,054 | 193,231 | 1,966 | 163,575 | 53,182 | 6,393 | 594,400 |
| 비중 (%) | 29.6 | 32.5 | 0.3 | 27.5 | 8.9 | 1.1 | 100.0 |

그리고 내연기관 자동차와 전기 자동차는 에너지 효율성 면에서 큰 차이가 있습니다. 우리나라 환경부 자료를 보면, 내연기관 자동차에 1L의 연료를 넣었을 때 실제로 바퀴에 전달되는 에너지는 0.19L라고 합니다. 이를 퍼센트로 환산하면 단 19% 정도만 운동 에너지로 바퀴에 전달되고, 나머지는 엔진 가동 시 열 손실이나 마찰 손실(71%), 동력 전달 시 손실(10%)로 빠져나가는 것이지요. 반면 전기 자동차는 일반적으로 1L의 연료로 전기를 만들었을 때 내연기관 자동차의 4~5배까지 운행할 수 있는 전기가 만들어집니다.

또한 전기차와 내연기관차의 탄소 발생량을 비교한 환경부 자료를 보면, 전기차는 주행 중 이산화탄소를 배출하지 않는 반면 내연기관차 중 휘발유차는 km당 150g의 이산화탄소를 배출합니다. 여기에 발전 과정에서 기존의 화력 발전 방식으로 전기를 생산한다는 점을 감안하면 전기차의 경우 약 42.4g/km, 휘발유차의 경우 178g/km 정도의 이산화탄소를 발생시키는데요(우리나라의 화력, 원자력 등 에너지 구조 비용에 따라 산정해 본 수치임), 결과적으로 보면 전기차가 휘발유차보다 약 4배 정도 이산화탄소를 덜 발생시키는 셈입니다.

전기 자동차의 이러한 온실가스 감축 효과는 앞으로 신재생 에너지를 확대해 나가면 더욱 커질 것입니다. 물론 신재생 에너지 발전을 위한 태양광 패널이나 풍력 발전기를 만들 때에도 이산화탄소가 발생하지만, 이는 현재의 화석 연료 중심의 발전에 비하면 매우 적은 양입니다. 전기를 생산하는 발전 효율과 온실가스 감축 정도를 생각하면, 전기차가 왜 기후 위기 시대에 적합한지 잘 알겠지요?

# ch 4 신재생 에너지로 에너지를 전환해요

앞에서 살펴본 것처럼 화석 연료는 인류가 지금과 같은 산업문명을 이루고 풍요롭게 살 수 있도록 이끈 매우 고마운 에너지 자원입니다. 그러나 한편으로는 온실가스를 배출해서 지구 환경을 병들게 한 매우 위험한 자원이기도 하지요. 이제 인류는 화석 연료에 의존하는 에너지 사용에서 벗어나 새로운 에너지를 찾고 개발해 나가야 합니다.

희망적이게도 과거의 에너지 자원인 화석 연료와 결별하고 지구를 살리려는 변화의 움직임이 세계 곳곳에서 일어나고 있습니다. 그중 대표적인 것이 바로 에너지 전환(energy transition)입니다. 에너지 전환은 에너지의 공급 체계를 화석 연료와 핵분열식 원자력 기반의 지속 불가능한 방법에서 재생 에너지를 이용한 지속 가능한 방법으로 바꾸는 것입니다. 재생 에너지는 햇빛, 물, 바람과 같이 재생 가능한 에너지 자원을 이용하기 때문에 석탄, 석유, 천연가스와 같은 화석 연료와 달리 고갈될 걱정 없이 활용할 수 있습니다. 재생 에너지를 이용한 발전(發電) 방식은 자연의 힘을 전기 에너지로 만들어 사용하는 것이므로 탄소 배출이 없으며 미세먼지 등 대기오염 물질도 발생시키지 않습니다.

전 세계적으로 에너지 부문은 온실가스 배출량의 가장 많은 부분을 차지하며, 에너지 부문 중에서도 전기와 열을 생산하는 전환 부문이 큰 비중을 차지합니다. 한국의 분야별 온실가스 배출 비중을 나타낸 다음 페이지의 그래프를 보면, 에너지 부문 온실가스 배출량은 86.9%인데 그중 공공 전기 및 열 생산 부분이 32.7%에 달합니다. 특히 우리나라 전력 생산 부문에서 가장 큰 비중을

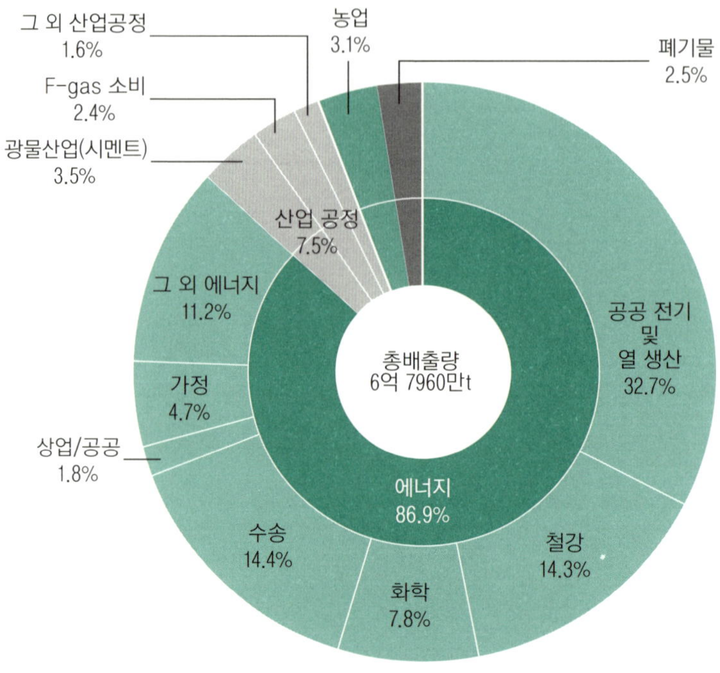



한국의 분야별 온실가스 배출 비중(2021년)

우리나라의 부문별 온실가스 배출량 비중을 나타낸 자료(2021년 기준, 환경부 온실가스정보센터)를 재구성한 것입니다. 에너지 부문의 온실가스 배출량이 가장 크다는 것을 알 수 있지요.

차지하는 발전 방식은 이산화탄소를 배출하는 석탄 발전입니다. 그러므로 화석 연료를 사용해 전기를 만들어 내는 발전 방식을 줄이고 재생 에너지 발전을 확대하며, 에너지 절약과 효율 개선을 통해 전체 에너지 소비를 줄이는 '에너지 전환'이 기후 위기에 대응할 수 있는 가장 시급하고 주요한 방법이라 할 수 있습니다.

# 신재생 에너지란?

신재생 에너지는 '신에너지'와 '재생 에너지'를 합성한 용어입니다. 우리나라에는 '신에너지 및 재생 에너지 개발·이용·보급 촉진법'이 있는데요, 다음과 같이 신에너지와 재생 에너지를 정의하고 있습니다.

- **신에너지**: 기존의 화석 연료를 변환하여 이용하거나 수소·산소 등의 화학 반응을 통하여 전기 또는 열을 이용하는 에너지를 뜻합니다. 수소 에너지, 연료전지, 석탄에 높은 열과 압력을 가해 가스나 액체로 만들어 사용하는 에너지 등이 이에 해당합니다.

- **재생 에너지**: 햇빛, 지열(地熱), 강수 등 재생 가능한(renewable) 자원을 변환하여 이용하는 에너지를 뜻합니다. 태양 에너지, 지열 에너지, 수력 에너지, 생물 자원을 변환해 이용하는 바이오 에너지, 폐기물 에너지(비재생폐기물로부터 생산된 것은 제외함) 등이 이에 해당합니다.

| 신에너지 | 재생 에너지 | | | |
|---|---|---|---|---|
| 수소 에너지 | 태양 에너지 | 풍력 에너지 | 지열 에너지 | 폐기물 에너지 |
| 연료전지 | 수력 에너지 | 바이오 에너지 | 해양 에너지 | 수열 에너지 |
| 석탄을 액화·가스화한 에너지 등 | | | | |

신재생 에너지를 정의하는 기준은 각 나라마다 고유한 환경에 따라 조금씩 차이가 있습니다. 하지만 기본적으로 온실가스 배출량 감축 여부, 부존자원(경제적으로 이용할 수 있는 천연자원)의 활용 정도, 산업 발전 형태에 따른 적합성 등을 공통적 기준으로 하고 있습니다.


## 신에너지에는 어떤 것이 있나요?

신에너지에 속하는 수소 에너지, 연료전지, 석탄액화가스화 및 중질잔사유가스화 등이 각각 어떠한 특징을 지니는지 살펴볼까요?

수소 에너지는 재생 에너지에서 생산된 전기로 물을 분해하거나 천연가스 등 화석 연료를 변환해 생산합니다. 주로 수소 연료전지를 이용한 전기 생산, 수소 차량 등에 사용되지만, 가스 발전의 효율을 증대시키기 위해 천연가스와 혼합하여 사용되기도 합니다.

연료전지(fuel cell)는 수소와 산소의 화학적 반응을 통해 전기와 열을 생산하는 장치입니다.

석탄액화가스화와 중질산유가스화는 이산화탄소 발생량이 많은 석탄이나 중질잔사유 같은 저급 연료에 높은 열을 가해 가스나 액체 형태의 에너지로 만들어 사용하는 방법입니다. 이러한 에너지는 이론상으로 기존 화석 연료를 사용하는 것보다 이산화탄소 발생을 크게 줄일 수 있지만, 액화나 가스화 작업에 석탄가스화복합발전(IGCC, Integrated Gasification Combined Cycle)★ 기술을 도입한 고가의 기계 설비가 필요하며, 현재의 기술 수준으로는 이러한 설비를

---

★ 현재 우리나라에 설치된 석탄가스화복합발전(IGCC) 설비들은 아직 기술 수준이 높지 않기 때문에 가스복합화력 발전보다 온실가스를 더 많이 배출하고 비용도 높은 편입니다. 이러한 이유로 석탄액화가스화와 중질산유가스화를 신에너지에서 제외하고 신재생에너지공급인증서(REC, Renewable Energy Certificate)도 발급하지 않아야 한다는 주장도 있습니다.

만들고 운영하는 데 더 많은 탄소가 발생할 수도 있습니다. 그러나 앞으로 기술 수준 향상과 효율화가 이루어지고 가격이 낮아진다면, 석탄액화가스화 에너지 와 중질산유가스화 에너지는 탄소 발생 감소에 큰 효과를 발휘할 수 있습니다.

## 재생 에너지에는 어떤 것이 있나요?

재생 에너지는 햇빛, 물, 바람, 지열과 같이 재생 가능한 에너지 자원을 이용하기 때문에 석탄, 석유, 천연가스와 같은 화석 연료와 달리 고갈될 걱정 없이 지속적으로 활용할 수 있습니다. 재생 에너지를 이용한 발전은 자연의 힘을 전기 에너지로 만들어 사용하는 방식이므로 탄소 배출이 없으며 미세먼지 등 대기오염물질도 발생시키지 않습니다.

대표적인 재생 에너지로는 태양을 이용하는 태양 에너지와 바람을 이용하는 풍력 에너지를 들 수 있습니다. 그리고 땅속의 지열을 이용하여 전기를 생산하고 냉난방 등에 사용하는 지열 에너지, 강이나 호수에 댐을 만들어 물의 낙차를 이용해 전기를 생산하는 수력 에너지, 바다의 파도나 밀물과 썰물의 차이, 온도 차이 등을 이용해 전기 또는 열을 생산하는 해양 에너지가 있습니다.

그 밖에도 생활 주변에서 발생하는 폐기물을 이용해서 에너지를 생산하는 폐기물 에너지도 있는데요, 우리나라에서는 폐기물 에너지를 자원으로 활용하기 위해 여러 시도에서 자원회수시설을 운영하고 있습니다. 자원회수시설에서는 도심에서 발생한 쓰레기를 분류하여 고온에서 소각하는 방법으로 배기가스를 줄이면서 열과 전기를 생산하고 있습니다. 열은 지역 냉난방으로 제공하고 전기는 한전으로 제공하고 있지요.

바이오 에너지(bioenergy)는 바이오 매스(biomass)를 연료로 하여 얻는 에너지입니다. 바이오 매스란 태양 에너지를 받은 식물과 미생물의 광합성에 의해 생성되는 식물체와 균체, 이를 먹고 살아가는 동물체를 포함하는 생물 유기체를 일컫는데요, 바이오 매스의 생화학적 변환 과정을 통해 열 또는 전기 에너지, 수송용 연료를 생산해 활용할 수 있습니다.

## 태양의 힘을 이용해요

태양은 인간을 포함해 지구에 사는 모든 생물의 생명 활동의 원동력이 되는 에너지원입니다. 우리는 삶에 필요한 대부분의 에너지를 태양에서 얻고 있지만, 이는 태양이 지구에 제공하고 있는 엄청난 에너지 중 일부에 지나지 않습니다. 언젠가 고갈될 화석 연료와 달리 에너지 원천이 영구적이며 공해 물질을 배출하지 않는 태양 에너지는 신재생 에너지 개발의 중심이 되는 에너지이지요.

태양 에너지는 태양의 '빛'을 이용하는 태양광 에너지와 '열'을 이용하는 태양열 에너지로 구분합니다. 자칫 헷갈릴 수 있지만 전기를 얻는 발전 방식에서 분명히 차이가 있는데요, 태양광 발전 시스템에서는 태양광 발전 패널(태양 전지)을 이용해 빛을 직접 전기로 바꿉니다. 한편, 태양열 발전 시스템에서는 태양열로 물을 끓여 증기를 발생시킨 후 터빈을 돌려 전기 에너지를 생산합니다.

일반적으로 태양열 발전은 대량의 물을 데워 전기 에너지를 발생시킬 만큼 증기를 만들어야 하므로 대형 발전시설을 갖추어야 합니다. 이렇게 생산한 전기 에너지는 보통 건물의 난방이나 온수를 만드는 데 활용되지요. 그러나 태양열 발전은 태양광 발전에 비해 전기 에너지로 변환하는 과정이 복잡해 에너지 효율이 낮다는 단점이 있습니다. 이에 오늘날에는 기술 개발이 제한적으로 이루어지고 있습니다.

## 태양 에너지의 크기는 얼마나 될까요?

지구에서는 대기 표면을 기준으로 약 174PW(petawatts, 페타와트)★라는 막대한 양의 태양 에너지를 받습니다. 그런데 이는 태양이 방출하는 총 복사 에너지의 약 22억 분의 1 정도에 해당하는 양이라고 합니다. 그만큼 지구가 태양계에서 작은 존재인 셈이지요.

지표면에 도달하는 태양 에너지는 단위 면적($m^2$)당 1kW(킬로와트)가 될 정도로 큽니다. 보통 1kW라고 하면 한 가구가 1시간 동안 사용하는 전기량 정도입니다. 그러나 현재 기술 수준에서 태양광 발전의 효율은 15% 정도밖에 되지 않습니다. 1kW의 태양 에너지 중 150W 정도만 태양 전지를 통해 사용할 수 있다는 이야기이지요.

태양 에너지를 이용한 태양 전지의 효율은 점점 개선되고 있으나 고가의 재료를 사용한 집광형 태양광(CSP, concentrated solar power)★★이라 하더라도 40%가 되지 않습니다. 그렇지만 현재의 효율을 가지고도 1.5m 크기의 태양광 패널 10개 정도이면 한 가구가 사용하는 전기★★★를 생산할 수 있습니다.

---

★  W(와트)는 1초 동안의 1J(줄)에 해당하는 일의 단위입니다. 증기기관을 개량하는 데 공헌한 제임스 와트의 이름에서 유래되었지요. 1,000($10^3$)W는 킬로와트(kW), $10^6$W는 메가와트(MW), $10^9$W는 기가와트(GW), $10^{12}$W는 테라와트(TW)는, $10^{15}$W는 페타와트(PW)를 말합니다. 원자력 발전소 1기가 보통 1GW를 발전한다고 하는데요, 이렇게 보면 태양은 100만 개의 원자력 발전소가 발전하는 양의 에너지를 매시간 지구 지표면에 발산한다고 할 수 있습니다.

★★  집광형 태양광 발전은 태양광을 거울이나 집광형 렌즈로 반사시켜 중앙의 한 곳으로 모이게 한 후(즉 집광하여) 전기를 생산하는 발전소입니다.

★★★  우리나라 가구당 월평균 전기 사용량은 300–350kW입니다. 일반적으로 아파트 베란다에 설치하는 (약 1.5m×1m 크기의) 가정용 태양광 패널 1개가 한 달에 31.5kW(300W×3.5시간×30일)를 생산하다고 가정하면 약 10개의 패널이 필요합니다,

## 태양광 발전은 어떻게 하나요?

길을 걷다가 건물의 지붕이나 벽면에 설치된 검은색 태양광 패널을 한 번쯤 본 적 있지요? 태양의 빛(태양광) 에너지를 전기 에너지로 바꾸는 태양광 발전에서는 태양 전지를 이용해 태양광을 직접 전기로 변환하는데요, 태양 전지를 모아 놓은 판이 바로 태양광 패널입니다. 태양광 패널은 설치 장소에 별다른 제약이 없고 다양한 크기로 설치할 수 있으며, 수명이 20–30년에 달해 장기간 사용하고 교체할 수 있습니다.

태양 전지는 아래 그림과 같이 전자를 끌어들이는 성질을 가진 P형 반도체와 전자를 밀어내는 성질을 가진 N형 반도체를 접합해 만듭니다. 두 반도체가 만나면 N형에 있던 전자가 P형으로 이동하면서 전자가 많아진 P형 반도체는 음극(–)을, N형 반도체는 양극(+)을 띄게 됩니다. 이때 태양 전지가 빛을 받게 되면 광전 효과(photoelectric effect)★가 일어나며 P형으로 이동했던 전자들이 튀어나와 다시 N형으로 돌아옵니다. 여기에 회로를 연결하면 튀어나온 전자들이 N형 반도체를 떠나 P형으로 이동하며 전류가 발생합니다. 이런 과정을 통해 전

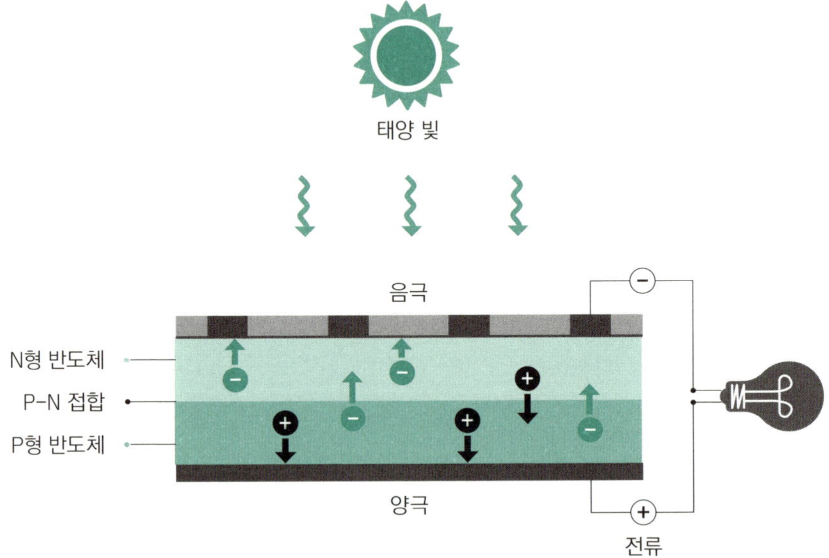

기가 만들어지게 되는 것이지요.

태양 전지의 기본 단위인 셀은 단위마다 소량의 직류전기(3-5W)를 만들게 됩니다. 이러한 셀을 직렬로 연결하여 태양 전지 패널(태양 전지 여러 개가 모여 있는 하나의 판. 310-340W)을 제작하고, 태양 전지 패널을 직렬과 병렬로 구성하여 사용자가 원하는 크기의 용량(kW)으로 태양 전지 시스템을 만들 수 있습니다. 셀을 직렬로 연결하면 전압(V)이 커지고 병렬로 연결하면 전류(A)가 커지므로 이러한 원리를 이용해 원하는 크기의 태양 전지를 구성할 수 있습니다. 이렇게 태양 전지 패널에서 생산된 직류 전기(DC, Direct Current. 같은 방향으로 일정하게 흐르는 전기)는 인버터를 통하여 일상에서 사용하는 교류 전기(AC, Alternating Current. 전기의 방향이 주기적으로 변하는 전기)로 변환하여 사용하게 됩니다.

 **태양광 발전 시스템**

태양의 빛 에너지를 태양 전지를 이용하여 직접 전기 에너지로 변환하는 체계를 '태양광 발전 시스템'이라고 합니다. 다음 페이지의 그림은 가정용 태양광 발전 시스템을 나타낸 것으로(자료: 충북도청) 태양 전지를 통해 생산된 직류 전기가 인버터를 통해 교류 전기로 전환되고, 태양광 계량기(스마트 계량기)를 통해 가정용 전원에 연결되는 과정을 보여 줍니다.

우리나라에도 이러한 태양광 발전 시스템을 갖추고 조명, 냉난방 등에 필요한 전기를 가정에서 직접 생산하는 경우가 늘고 있는데요, 가정에서 발전한 전기의 양이 부족할 때는 한전 전력망에서 전기를 공급받고 반대로 전기가 남을 때에는 전력망을 통해 송전할 수 있습니다. 그리고 이러한 과정은 스마트 계량기(양방향으로 전기가 흐르는 것을 기록하는

---

★ 광전 효과란, 높은 진동수의 빛이 금속의 전자를 튕겨 내는 현상을 말해요. 1905년 아인슈타인은 빛이 파동의 성질과 함께 입자이기도 하다는 '광양자설'을 발표했어요. 빛의 입자인 '광자'가 금속판의 전자에 부딪히면 전자가 튀어나오고 전기를 흐르게 하는 성질이 있다는 것을 밝혔지요. 광전 효과 이론은 오늘날 태양 전지를 개발하는 토대가 되었답니다.

계량기)에 반영되어 전기요금이 계산되지요. 아, 한 가지 덧붙이면, 도심 아파트에서 사용하는 베란다형 태양광은 발전 용량이 대개 300W(일반 가정이 사용하는 냉장고 전원 정도) 미만으로 남는 전력이 없기 때문에 스마트 계량기를 설치하지 않아도 됩니다.

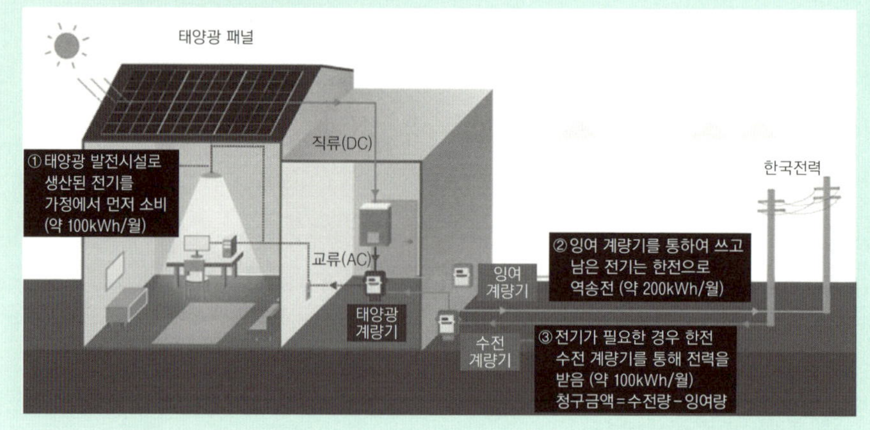


## 미래를 향한 우주 태양광

태양광 발전의 가장 큰 문제점은 연속적으로 전력이 공급되지 않는 간헐적 발전으로 에너지 효율이 높지 않다는 점입니다. 이는 태양 빛이 낮 동안만 비추고 날씨나 계절에 따라 빛의 양이 달라지기 때문인데요, 이러한 특성 때문에 태양광 발전이 확대되었을 때 전력망이 불안해질 수 있습니다.

현재 우리나라와 같이 태양광이나 풍력과 같은 간헐적 발전 특성을 지닌 신재생 에너지의 비중이 10% 내외라면, 생산 소비 활동에 따라 달라지는 전력 수요를 반영해 발전 용량을 조절할 수 있는 첨두부하(尖頭負荷) 발전이 가능한 가스 발전이나 양수 발전을 통해 안정적으로 전력을 공급할 수 있습니다. 그러나 기후 위기 시대에는 탄소 배출 제로를 목표로 태양광을 비롯한 신재생 에너지를 확대해 나가야 하겠지요? 따라서 재생 에너지의 간헐적 발전 문제를 해결할 수 있는 대책이 필요합니다.

태양광 에너지의 단점을 해결하기 위한 연구가 현재 세계 여러 나라에서 진행되고 있습니다. 그중 하나가 우주 태양광 발전(SBSP, Space-Based Solar Power)으로 인공위성에 태양광 발전용 패널을 달아 전기를 생산한 후 마이크로파라고 하는 전자기파를 이용해 지구로 보내는 방식입니다. 우주에는 지구의 대기와 달리 먼지나 구름 등이 없어 더 많은 양의 태양광 에너지를 수집할 수 있습니다. 전문가들에 따르면 우주 태양광 발전은 지상의 태양광 발전보다 8배 정도 더 많은 전력을 생산할 수 있다고 합니다. 또한 시간이나 기상 상태에 영향을 받지 않고 24시간 발전할 수 있지요.

어쩌면 공상과학 소설 같은 우주 태양광 이야기가 점차 현실이 되어 가고 있습니다. 미국의 캘리포니아 공과대학교는 2023년 1월 고도 550km의 저궤도 상공에 '우주 태양광 전력 시연기'를 발사했고, 6개월 동안 실험한 결과 우주에서 태양광 발전으로 에너지를 만들어 지구로 전송하는 데 최초로 성공했습니다. 일본은 2030년 중반까지 1GW급 발전을 시작한다는 목표 아래 우주 태양광 연구에 힘을 쏟고 있고 중국, 유럽우주국(ESA), 영국, 한국 등도 관련 연구를 진행하고 있습니다.

물론 우주 태양광 발전이 상용화되려면 아직 해결해야 할 과제가 많습니다. 태양광 패널을 우주로 보낼 때 드는 엄청난 비용을 줄이고, 많은 양의 전기를 안정적으로 생산해 지구로 보낼 수 있는 방법도 찾아야 하지요. 그러나 우주 태양광 발전의 성공은 지구의 에너지(전력) 부족 문제를 풀고 기후 변화를 막는 데 획기적인 해결책이 될 수 있기에 매우 기대되는 분야입니다.

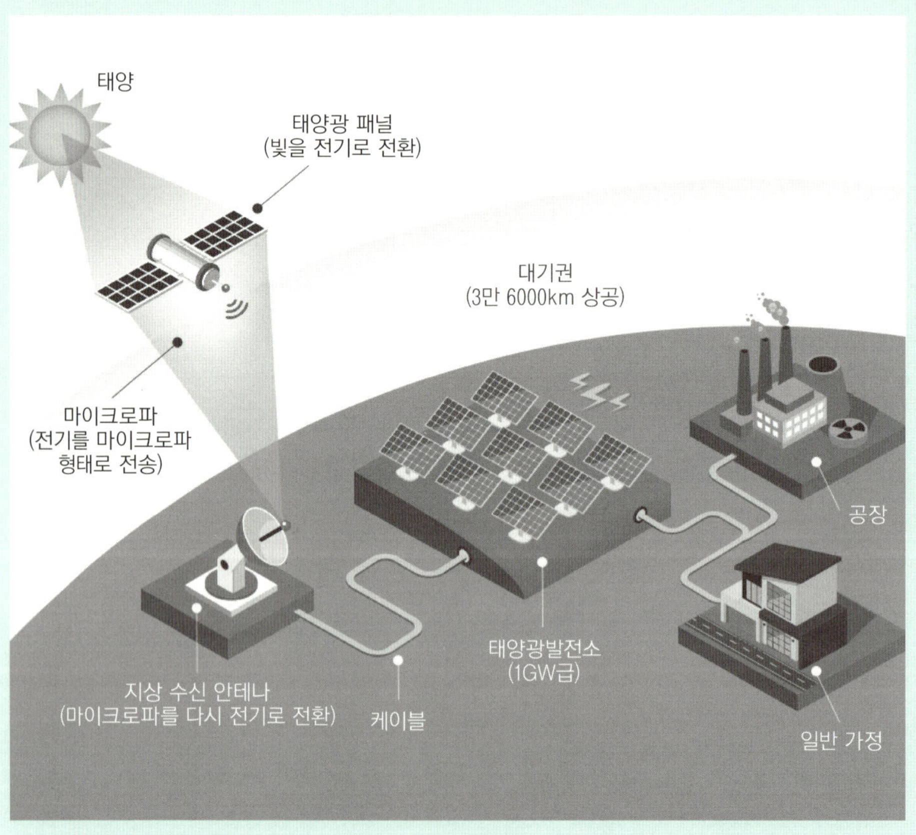


우주 태양광 발전 상용화를 목표로 연구에 집중하고 있는 일본의 우주 태양광 개념도입니다.
(자료: 한국에너지기술연구원)

## 태양 에너지 시대를 열어 가요

태양 에너지를 이용한 발전은 태양빛이 비추는 곳이라면 어디든 가능하여 풍력이나 다른 에너지원에 비해 한계가 없다는 점에서 유리합니다. 아파트의 베란다나 이면도로, 자투리땅, 저수지나 바다 등 전력 계통에 연결할 수 있다면 규모에 상관없이 설치해 에너지를 생산할 수 있습니다. 건설 기간이 짧은 편이며 한 번 설치하면 먼지만 제거해 주면 될 정도로 유지보수가 용이하고 무인화 시스템을 도입해 손쉽게 관리할 수 있다는 점도 큰 장점이지요. 또한 여름에는 전기 수요량이 최대로 되는 한낮에 발전량이 많아 전력 공급 부족에 효과적으로 대응할 수 있습니다.

한국의 태양광 발전소는 2024년 4월 기준 15만 1,000여 개에 이르며, 발전 용량은 약 23GW의 전기를 생산할 수 있는 규모입니다.[*] 이는 한국의 발전설비 규모(2024년 1월 기준 144GW)에서 약 15%에 이릅니다. 그리고 한국의 태양광 발전량은 2023년 약 25,823GW(25.8TW)이며, 전력통계정보시스템에 나와 있는 2023년 전체 발전량 624TW(2022년 594TW)의 약 4%를 차지하고 있습니다. 그런데 여기서 무언가 이상한 점이 있지 않나요? 왜 태양광 발전소의 발전 용량이 설비 용량 면에서는 15%인데 실제 발전량은 4%일까요? 그 이유는 바로 여러분도 알다시피 태양광 발전은 햇빛이 있을 때만 발전을 하는 간헐적 발전이기 때문입니다. 현재 한국 태양광 발전의 하루 평균 발전 시간은 3.6시간 정도입니다.

한국의 신재생 에너지 전체 발전량은 2022년 기준 53,182TW로 전체 발전량 594TW의 8.9%입니다.[**] 그중 태양광 발전의 발전량이 4%로 가장 큰 비중을 차지하는데요, 태양광 발전의 영향으로 우리나라 전력피크타임이 변경되기

---

[*]  재생에너지클라우드플랫폼(https://recloud.energy.or.kr/main/main.do) 통계자료와 전력통계정보시스템(https://epsis.kpx.or.kr/epsisnew/)의 자료를 참조했습니다. 우리나라 전기의 생산과 소비에 관한 모든 정보를 보여 줍니다.

[**]  에너지원별 발전량 통계자료는 한국전력공사의 연도별 전력통계를 참조했습니다.

도 했습니다. 태양광 발전이 증가하면서 하루 중 전력수요가 가장 많은 전력 피크타임 시간이 점심시간 이후(1시-2시 30분)에서 태양광 발전이 끝나는 5시 이후로 옮겨 가게 되었습니다.

저는 서울에너지공사에서 일하는 동안 우리나라 전국에 있는 대형쇼핑몰 옥상과 폐염전에 태양광 발전을 설치하는 사업을 진행하여 많은 효과를 보기도 하였습니다. 이처럼 우리나라 역시 기후 위기 시대에 대응하여 재생 에너지 사용을 확대해 가고 있는데요, 그러나 2050년까지 탄소 중립을 달성한다는 목표를 이루려면 아직 갈 길이 먼 상황입니다. 발전 용량 측면에서 현재(2023년 기준) 9% 정도에 머무르는 재생 에너지 발전 용량을 100%로 전환해야 하는데요, 그렇게 하려면 단순히 태양광 발전이나 풍력 발전과 같은 재생 에너지를 늘이는 것 이상의 대책이 필요합니다. 우리나라는 현재 중앙집중형 전력관리 시스템을 가지고 있지만, 전기의 공급을 관리하는 전력거래소(KRX)★가 14만 5,000개나 되는 태양광 발전소를 통제할 수는 없습니다. 그래서 재생 에너지가 늘어날수록 이를 관리할 수 있도록 하는 분산 에너지 환경으로 에너지 전환이 이루어져야 합니다.


## 바람의 힘을 이용해요

이번에는 바람의 힘을 이용하는 풍력 에너지에 대해 함께 살펴보겠습니다. 풍력 에너지는 자원이 풍부하고, 재생 가능하고, 온실 효과를 유발하지 않기 때문에 화석 연료를 대체할 수 있는 에너지원으로 각광받고 있습니다. 풍력 에너지는

---

★ 한국전력거래소(Korea Power Exchange)는 우리나라의 전력시장을 운영하는 기관입니다. 전력을 생산하는 발전사업자와 판매하는 판매사업자 사이에 공정하고 투명한 거래가 이루어지도록 관리하지요. 또한 장단기 전력 수급 계획을 수립하고 실행하는 역할도 합니다.

태양광 에너지와 함께 전 세계적으로 재생 에너지 확대의 중심이 되고 있습니다. 국제에너지 연구기관 엠버(EMBER)가 2023년 4월 발표한 보고서에 따르면, 2022년 풍력과 태양광을 통해 생산된 전력량이 전년 대비 24% 증가해 전 세계 전기 생산량의 12%를 차지했으며 같은 기간 화석 에너지 사용량은 1.1% 증가하는 데 그쳤다고 합니다.

이처럼 전 세계 친환경 에너지 사용 비중이 크게 증가한 것은 대규모 에너지 소비국인 중국이 친환경 에너지 생산에 힘썼기 때문인데요, 중국은 2022년 전 세계 풍력 에너지 생산량의 50% 정도, 태양광 에너지 사용량의 40% 정도를 차지하였습니다. 물론 부문별 에너지 이용 비율을 보면 여전히 전 세계적으로 화석 연료 사용량이 가장 큽니다. 그러나 이러한 변화는 지구를 건강하게 하는 매우 가치 있는 움직임이라고 할 수 있습니다.


## 풍력 발전의 역사와 원리

풍력 발전은 바람이 지닌 운동 에너지를 변환하여 전기 에너지를 생산하는 발전 시스템입니다. 인류가 바람을 에너지로 사용한 흔적은 아주 오래전으로 거슬러 올라가는데요, 고대부터 돛단배를 만들어 바람을 이용하여 항해를 하였고, 기원전 200년경 이집트 알렉산드리아 지역에서 활동한 발명가 헤론(Heron)은 바람으로 움직이는 바퀴 모양의 풍차가 달린 오르간을 만들었다고 전해집니다. 이후 7세기에는 이란과 중동 지역에서 곡식을 갈거나 물을 끌어오기 위해 갈대로 짠 돛을 단 풍차를 이용하였다고 합니다.

유럽과 북미 지역에서도 중동의 풍차에 영향을 받아 다양한 풍력 기계들이 나타나기 시작하였는데요, 1897년에는 덴마크에서 전기를 생산할 수 있는 풍력 발전기가 처음 나왔고, 1941년에는 미국에서 세계 최초의 메가와트(MW)급 풍력 발전기가 나왔습니다. 회전 날개가 달린 풍차의 형태는 1957년 덴마크에서

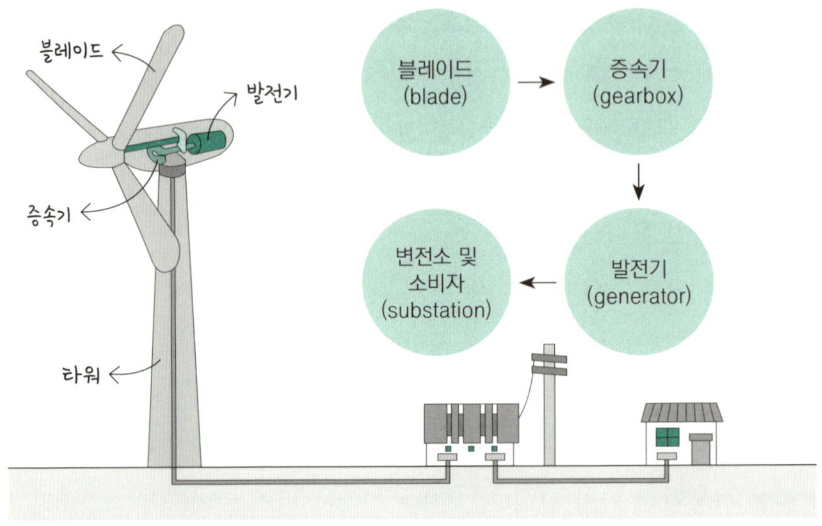



개발되었으며, 이후 발전을 거듭해 오늘날과 같이 3개의 날개를 지닌 형태로 자리 잡게 되었습니다.

그렇다면 풍력 발전기는 어떻게 전기를 만들어 낼까요? 풍력 발전기가 작동하는 원리를 나타낸 위의 그림을 한번 볼까요? 첫 단계에서는 풍력 발전기의 날개(블레이드)가 바람을 받아 회전하면서 회전 운동 에너지가 만들어집니다. 두 번째 단계에서는 날개와 연결된 회전축이 속도를 늘리는 장치인 증속기에 회전 운동 에너지를 전달하지요.★ 세 번째 단계에서는 증속기가 기어를 이용해 초기의 저속 회전을 발전용 고속 회전으로 전환하면서 회전 운동 에너지를 증폭시킵니다. 그리고 마지막으로 이렇게 증폭된 회전 운동 에너지가 발전기를 거쳐 전기 에너지로 변환되고, 변환된 전기 에너지가 변전소를 거쳐 소비자에게 공급되는 과정을 지납니다.

풍력 발전은 전기의 방향이 주기적으로 변하는 교류(AC) 전기를 생산합니다.

---

★ 최근 제작되는 풍력 발전기에는 증속기가 없는 다이렉트 드라이브(direct drive) 형태도 있습니다.

그런데 바람의 세기에 따라 블레이드에 연결된 회전축의 속도가 변화하기 때문에 증속기와 발전기를 거쳐 생산되는 전기는 일정한 주파수의 교류 전기를 생산할 수 없습니다. 다시 말해 우리나라의 경우를 보면, 풍력 발전으로 만들어 낸 전기는 회전 속도가 일정하지 않아 주파수가 일정하지 않기 때문에 한전 계통에 바로 연결하지 못합니다. 이에 전력변환장치를 사용해 전력계통망의 표준 전력인 60Hz으로 변환해 공급해야 하는데요,★ 이처럼 표준 전력으로 바꾸는 전력변환장치를 갖추고 사용하려면 많은 비용이 들기 때문에 아직까지 소형 풍력 발전은 경제성을 지니기 어렵고 대형 풍력 발전만 경제성을 인정받고 있습니다.

풍력 발전은 일반적으로 지상보다 바람의 강도가 강한 고지대나 내륙지방과 온도차가 큰 바닷가에 설치하는데요, 사람이 쉽게 접근하고 관리하기 어려운 점 때문에 시스템상에서 정밀하게 모니터하고 제어할 수 있는 장치가 필요합니다. 또한 초기 설치비용이 많이 들며, 대규모 풍력 발전 단지는 전자파나 소음 발생 등 주변 환경에 좋지 않은 영향을 미칠 수도 있지요. 그러나 기술적인 어려움과 높은 비용에도 불구하고 현재 기술 수준에서 보면, 태양광 발전보다 발전 시간이 길고 유지보수 비용도 상대적으로 크지 않아 재생 에너지 발전 측면에서 기대되는 분야입니다.★★

## 바다 위에 우뚝 솟은 '해상 풍력 발전소'

대규모 풍력 단지를 건설하려면 바람이 지속적으로 강한 곳, 소음과 진동 등이 문제되지 않는 곳을 찾아야 하기 때문에 입지 선택에 어려움이 있습니다. 이러

---

★　발전기에서 생산한 교류(AC) 전기를 AC-DC컨버터(정류기)를 통해 직류(DC) 전기로 변환한 후, 다시 DC-AC컨버터(인버터)를 통해 일정한 60Hz의 주파수를 가진 교류 전기로 변환해야 합니다.

★★　현재 기술 수준에서 태양광은 하루 중 햇빛이 강한 낮 시간을 중심으로 3-4시간 정도 발전하는 데 반해, 풍력 발전은 바람이 많은 기간에는 10시간 이상(평균 9.1시간) 발전할 수도 있습니다.

한 문제의 대안으로 요즈음에는 바람의 양과 질이 우수한 바다에 대규모 해상 풍력 단지를 건설하는 경우가 증가하고 있는데요, 일반적으로 바다는 육지보다 바람이 강하게 불고 풍속이 상대적으로 고르다는 장점이 있습니다.

해상 풍력 발전소는 보통 수심 5-15m 정도의 얇은 바다에 설치하는 것이 적합하지만, 최근에는 바다 위에 떠 있는 부유식 기술이 개발되어 앞으로 깊이에 따른 설치 제약을 크게 받지 않을 것으로 기대됩니다. 또한 바다 한가운데 발전기를 설치하기 위해서는 해저 케이블, 해상 변전시설 등을 추가적으로 설치·관리해야 하기에 건설비용이 많이 드는 등 단점이 있지만, 바람의 강도가 약해지거나 소음이나 진동에 대한 민원이 계속 발생할 수 있는 육지와 비교하면 장기적으로 여러 이점이 있습니다. 접근성이 떨어지고, 고장 시 수리 기간이나 비용이 많이 소요되는 점 등은 기술 개발로 보완해야 할 사항입니다.

우리나라에도 해상 풍력 발전소가 많이 세워지고 있습니다. 제주 한경면 앞바다에 위치한 국내 최초의 상업 해상 풍력 발전소인 '탐라해상풍력발전단지'에는 90m 높이, 3MW 규모의 풍력 발전기 10개가 우뚝 솟아 있는데요, 2017년부터 운전을 시작한 이곳에서 그동안 생산된 전력은 약 50만MWh로, 이는 제주 전체 가구인 31.3만 가구가 6개월 동안 사용할 수 있는 양이라고 합니다(2024년 3월 기준).

탐라해상풍력단지를 처음 건설할 당시에는 소음 증대와 어족 자원 감소에 대한 주민 우려가 컸다고 합니다. 그러나 7년여 동안 실제로 운영해 본 결과 바다에서는 소음이 크게 문제되지 않고, 해저 속의 구조물이 물고기들이 모여드는 인공 어초 역할을 하여 오히려 어획량이 증대되었다고 합니다. 이에 현재는 많은 주민들의 지지를 받고 있으며, 확장 건설을 계획할 정도로 자리 잡게 되었지요.

## 풍력 발전기의 진화

풍력 발전 하면 여러분은 어떤 이미지가 떠오르나요? 커다란 블레이드(날개)가 돌아가는 모습이 연상되지 않나요? 높은 기둥(타워)에 거대한 날개를 붙여 돌리는 현재의 지상 풍력과 해상 풍력은 대개 사람이 적게 살고 바람이 강한 지역에 설치해야 하는데요, 설치 지역의 제약과 초기의 높은 설치 비용, 소음, 조류와의 충돌 위험과 같은 단점이 있지요.

반가운 소식은 이러한 단점을 보완하기 위해 새로운 형태의 풍력 발전기에 대한 연구개발이 세계 각국에서 진행되고 있다는 점입니다. 그중 대표적인 것이 '공중 풍력 발전'입니다. 공중 풍력 발전이란, 쉽게 설명하면 연이나 드론 같은 물질을 공중에 띄워 높은 고도에서 부는 강한 바람을 이용하여 전기를 생산하는 것입니다. 바람이 강하지 않은 지역이라도 높은 고도에서는 일반적으로 바람이 고르고 강하게 불기 때문에 설치 지역의 제약을 크게 받지 않을 수 있지요. 유럽에 비해서는 늦게 시작한 편이긴 하지만, 한국도 공중 풍력 발전에 대한 연구개발을 진행하고 있습니다. 한국전기연구원이 2021년 5월 5kW(킬로와트)급 공중 풍력 발전기를 첫 시연하기도 했습니다.

한편, 커다란 날개를 과감히 없앤 다채로운 모양의 풍력 발전기들도 개발되고 있습니다. 스페인에서는 바람을 맞으면 진동을 일으켜 전기를 생산하는 막대 모양의 풍력 발전기를 개발했고요, 네덜란드의 한 회사는 튤립 모양의 예쁜 풍력 발전기를 선보였습니다. 또 영국에서는 건물의 지붕 위나 가로등에 설치할 수 있는 물레방아 형태의 풍력 발전기가 개발되었다고 합니다.

이처럼 다양하게 진화하고 있는 풍력 발전기들은 대부분 기존의 풍력 발전기에 비해 규모가 작고 설치 지역의 제약이 적어 광범위하게 설치할 수 있으며, 소음이 적고 미관상 보기 좋다는 장점을 지닙니다. 아울러 제작 및 관리 비용을 크게 절감할 수 있어 재생 에너지 확산에 도움이 될 것으로 기대됩니다. 그러나 풍력 발전기의 크기에 따라 발전량이 증가하는 점을 생각하면 에너지 효율 면에서는 아직 기존의 날개 달린 대형 풍력 발전기에 못 미칠 수밖에 없는데요, 고립된 지역이나 토지가 적은 지역 등 발전 시설 설치가 적합하지 않은 지역에 대한 분명한 이점이 있으므로 앞으로 기존 풍력 발전 시설과 함께 상호 보완하는 방향으로 발전시켜 나가야 할 것입니다.

# 수소의 힘을 이용해요

수소(水素)라는 이름은 '물을 만들다'라는 의미의 독일어 Wasserstoff에서 유래하였습니다. 영어 Hydrogen도 라틴어 Hydro(물)와 비금속 원소의 접미사 –gen(만들다)을 합한 단어이지요. 수소는 주기율표의 가장 첫 번째 화학 원소로 원소 기호는 H, 원자 번호는 1입니다. 표준 원자량은 1.008로 세상에서 제일 가벼운 물질로 알려져 있는데요, 질량 기준으로 보면 우주의 75%를 구성하고 있는 가장 흔한 원소이기도 합니다.

수소 순물질은 영하 252.9°C에서 액화되는 성질을 가져 실온에서는 기체 상태의 $H_2$로 존재합니다. 수소는 공기보다 14배 가벼워 밀폐용기에 가두어 놓지 않으면 한순간에 공기 중으로 흩어지는 불완전한 원소입니다. 또한 탄소나 산소와 같은 다른 원소들과 결합하여 지구상에서 가장 많은 물질로 존재하는 원소이기도 한데요, 이번 절에서는 신에너지 분야의 하나로 미래 청정에너지로서 주목받고 있는 수소 에너지와 연료전지에 대해 살펴보겠습니다.

## 수소, 풍부한 천연 에너지원

수소는 산소와 결합해 큰 에너지를 내는 에너지원입니다. 수소 1kg을 산소와 결합시키면 3만 5,000kcal에 달하는 에너지를 얻을 수 있습니다. 수소는 에너지 효율이 높으며 다양한 용도로 쓰일 수 있어 산업 및 과학 분야에서 많은 관심을 받고 있는데요, 어떠한 측면에서 그러한지 장점들을 꼽아 볼까요.

- **청정에너지**: 수소는 화석 연료보다 더 높은 열량을 내는 연료로 연소 시에 물과 열만 생성되어 대기오염을 줄일 수 있습니다.

- **보편성**: 수소는 화석 연료처럼 특정 지역에 편중되어 있지 않고 지구 어느 곳에서나 쉽게 구할 수 있습니다. 부존자원이 부족한 한국과 같은 경우 미래의 에너지원으로 꼭 개발해야 할 자원이지요.

- **다양성**: 수소는 여러 산업 분야에서 다양한 용도로 사용할 수 있습니다. 발전 연료와 산업 연료, 차량 연료 등으로 활용 가능합니다.

- **고효율성**: 수소 연료전지를 사용해 전기 에너지로 변환하면 에너지 효율이 매우 높습니다. 또한 수소는 에너지 저장 및 전달 시스템에서도 중요한 역할을 합니다. 전기가 남게 되면 남는 전기로 수소를 만들어 저장하고, 후에 이 수소를 연료전지 연료로 만들어 다시 전기를 생산할 수 있습니다.

수소 에너지를 활용하는 방법 중 수소 자체를 직접 이용하는 것으로, 산업 부문의 철강 제조 과정에서 과거 석탄을 이용하던 환원제를 수소로 전환하여 탄소 배출을 줄이는 방법들이 시도되고 있습니다. 또한 가스 발전기나 가스보일러 등에 수소를 기존 가스와 혼용하여 연소시키면 탄소 배출을 줄이고 에너지 효율도 높일 수 있습니다.

수송 부문에서는 연료전지를 탑재한 수소 연료 전기 자동차를 통해 탄소 배출 없는 차량의 이용을 확대해 나갈 수 있습니다. 승용차뿐만 아니라 전기 자동차로 경제성을 확보하기 힘든 트럭과 버스, 높은 출력을 필요로 하는 지게차와 대형

우리나라도 온실가스 배출 저감을 목표로 수소연료전지 기반의 수소전기열차를 2018년부터 개발 중이에요. 사진은 수소전기열차 시험차량의 모습입니다(자료: 국토교통부).

선박, 항공기 등에 수소연료전지를 사용할 수 있습니다.

　한편 전기를 생산하는 과정에서도 안정적인 수소연료전지 발전소가 늘어나고 있습니다. 해외 일본에서는 가정에서 필요한 전기를 소형 연료전지로 대체하여 사용하는 시민들이 증가하고 있습니다. 최근에는 재생 에너지에서 만들어진 간헐적인 전기를 저장하는 수단으로도 수소가 주목받고 있습니다. 상대적으로 높은 가격의 배터리 저장장치 대신 수소를 이용하여 풍력이나 태양광으로 만들어진 간헐적인 전기를 저장하였다가 에너지 수요가 높은 시간에 다시 수소를 이용한 연료전지 발전으로 전기를 생산하여 유용하게 사용할 수 있습니다.


## 수소의 세 가지 추출 방법

수소를 에너지로 사용하기 위해 추출하는 방법에는 어떤 것이 있을까요? 순수한 수소는 ① 천연가스 개질, ② 부생 수소, ③ 수전해(물 전기분해) 방법 등으로 생산합니다. 천연가스 개질은 천연가스를 고온 고압에서 수증기와 화학 반응시켜 순수한 수소를 생산하는 방식으로, 전 세계 수소 생산량의 절반 이상이 이 방식으로 공급되고 있습니다. 이는 현재 기술 수준에서 가장 보편화되고 편리한 방식이지만, 수증기와 함께 고온 고압의 화학반응을 일으키기 위한 에너지가 많이 든다는 점, 수소를 생산하는 과정에서 이산화탄소가 함께 생성된다는 점이 단점입니다.

　부생 수소는 석유화학 공정 중에 부산물로 발생하는 수소를 말합니다. 한국처럼 석유화학산업이 발달한 국가의 경우 부생 수소 생산량이 많은데요, 우리나라의 연간 부생 수소 생산량은 190만t 수준이며 이는 수소 자동차 40만 대 정도를 운영할 수 있는 양입니다. 부생 수소는 부산물로 발생하는 수소를 활용하기 때문에 생산량에 한계가 있지만, 수소 생산을 위한 추가 설비나 투자 비용 등이 없어 경제성이 높습니다. 반면 부산물로 발생하는 자원이기에 생산을

 ## 컬러로 구분하는 '색' 다른 수소

생산 방식과 이산화탄소 발생 여부에 따라 수소의 종류를 구분하기도 합니다. 이때 색(컬러)의 이름을 붙여 다음과 같이 구분하지요.

**그레이 수소**란, 천연가스 개질 방식과 같이 화석 연료로부터 개질하는 방법으로 추출한 수소를 말합니다. 부생 수소와 개질 수소가 이에 속하지요. 그레이 수소 1kg을 만드는 데 발생하는 이산화탄소는 약 10kg이라고 합니다.

**블루 수소**란, 그레이 수소와 생산 방식은 같으나 수소 생산 과정에서 발생하는 이산화탄소를 모으고(포집), 저장하고, 활용하는 기술(CCUS, Carbon Capture, Utilization, Storage)을 사용하여 생산한 수소입니다. 그레이 수소에 비해 약 60% 정도 이산화탄소가 적게 배출됩니다.

**그린 수소**란, 재생 에너지로부터 전기 에너지를 공급받아 물을 전기 분해해 생산하는 수소, 즉 수전해 방식으로 생산한 수소를 말합니다. 이산화탄소를 배출하지 않는 청정 수소이지요.

이외에도 기존의 전력망을 통해 물을 분해하여 생산하는 황색 수소, 원자력 발전으로 생산된 전기로 물을 분해해 생산하는 핑크 수소, 원자력의 열과 전기를 함께 이용해 생산하는 퍼플 수소 등으로 구분합니다.

현재는 그레이 수소보다 이산화탄소 발생이 적고 그린 수소보다 생산 비용이 낮은 블루 수소가 수소 산업을 확대시킬 수 있는 가장 현실적인 방법으로 평가받고 있습니다. 그러나 지구의 건강을 생각한다면, 미래 사회에는 당연히 그린 수소가 많아져야 하겠지요?

늘이거나 줄이기 어렵고, 소비지까지 압축하여 이송하는 과정에서 많은 에너지가 발생한다는 단점이 있습니다.

수전해 방식은 태양열, 풍력 등 신재생 에너지 발전으로 얻은 전기로 물을 전기 분해하여 수소를 생산하는 방법입니다. 생산 후에는 수소와 순수한 산소만 발생하기 때문에 가장 친환경적인 수소 생산 방식이지요. 다만 수전해로 수소를 생산하기 위해서는 전해질과 분리막의 요소를 투입해야 하고, 생산된 수소를 분리·압축하기 위한 비용이나 에너지가 많이 소요되는 편입니다. 이에 앞으로 기술적 개선이 필요하지만, 수소 소비량의 증가와 환경에 미치는 영향을 고려할 때 계속 발전되어야 할 수소 생산 방식입니다.

현재 세계적으로 매년 수천만 톤 이상의 수소를 생산해 에너지원으로 이용하고 있지만, 대부분 천연가스나 나프타 등 화석 연료를 이용해 생산하는 방식입니다(천연가스 개질, 부생 수소 이용). 그 때문에 화석 연료가 아닌 다른 화합물에서 수소를 생산하기 위한 새로운 방법으로 반도체와 태양 에너지를 이용하는 방법, 광화학반응, 열역학사이클법 등이 지구촌 곳곳에서 연구·개발되고 있습니다. 그중 '물을 전기분해하는 방식', 즉 수전해 방식이 대기오염을 일으키지 않으면서 가장 쉽게 수소를 생산할 수 있는 방법으로 꼽히는데요, 다만 아직까지 전기 분해에 필요한 전기 에너지의 양보다 생산된 수소의 경제성이 낮은 점은 풀어야 할 과제로 남아 있습니다.

## 연료전지의 원리 알아보기

수소가 산소와 결합하여 물이 만들어지는 과정에서 열과 전기를 얻게 되는데 이것을 '연료전지'라 부릅니다. 연료전지의 발전 원리는 물을 전기 분해하면 양극에서 산소가 생성되며 음극에서는 수소가 생성되는 과정을 반대로 진행하는 것이라고 보면 됩니다. 물의 전기 분해에서는 물에 전기를 흐르게 하면 수소와

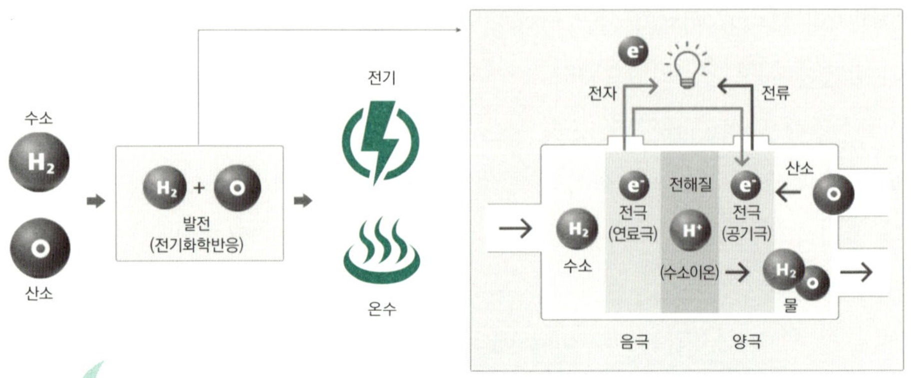




산소가 발생하지만, 연료전지에서는 수소와 산소를 반응시키면 전기를 만들고 물을 생산할 뿐입니다. 또한 수소와 산소가 반응하는 과정에서 열이 부수적으로 발생합니다.

위의 그림과 같이 연료전지의 연료극에서 수소를 주입하면 수소이온($H^+$)과 전자($e^-$)로 나누어지게 됩니다. 전해질의 고분자막은 수소이온($H^+$)만 통과시키고 막 안쪽의 음극에는 전자($e^-$)가 남게 됩니다. 전해질을 통과한 수소이온은 공기극의 산소와 결합하여 물($H_2O$)이 되며, 음극과 양극 사이의 전위차에 의하여 전류가 발생하게 됩니다. 이때 부산물로 만들어지는 열은 온수를 가열하여 지역난방이나 열이 필요한 산업체에서 사용할 수 있습니다.

연료전지는 태양광 발전이나 풍력 발전과 같이 간헐적 발전이 아니라 수소만 공급된다면 24시간 전기를 만들어 낼 수 있습니다. 그렇게 되면 앞으로 우리나라의 전력 산업에서 중심이 되는 기저부하(base load) 발전★의 역할을 할 수 있지요. 그뿐만 아니라 전력 수요에 따라 가동을 중단하거나 재가동한다 하더라도 연료전지는 석탄 발전이나 원자력 발전만큼 긴 시간이 필요하지 않기 때문에 추가 전력이 필요할 때 첨두부하(peak load) 발전★★의 역할도 할 수 있습니다. 다만, 아직 수소 공급 문제가 해결해야 할 과제로 남아 있습니다. 수소를 만드는 과정에서 이산화탄소가 발생할 수 있고, 수소를 이동하는 과정에서도 많은 탄소가 발생하므로 이에 대한 기술 개발이 더 필요합니다.

## 수소 혁명은 이루어질까?

미래학자 제러미 리프킨(Jeremy Rifkin)은 2003년 《수소 혁명 *The Hydrogen Economy*》이라는 책에서 석유 시대에 누적된 문제를 해결할 수 있는 가장 현실적인 방안이 수소라고 주장하였습니다. 세계가 어떻게 수소를 만들고, 운반하고, 사용할 것인가의 문제를 해결하게 되면 수소 혁명이 완성되고 새로운 에너지 시대를 맞이할 수 있다고 예견하였지요. 이후 탈탄소화를 위한 수소 에너지 연구개발은 세계 각국에서 가속화되었지만, 아직 수소 연료와 수소를 이용한 연료전지 사용은 해결해야 할 과제를 안고 있습니다.

수소는 생산 방식이 어렵고 저장이 쉽지 않아 일상생활에서 사용하기에 아직 어려움이 큽니다. 수소가 액체에서 기체로 기화하는 온도는 영하 253°C입니다. 또한 수소는 어떤 원소보다 가볍고 평상시 온도나 압력 상태에서는 밀도가

---

★ 기저부하 발전이란, 24시간 연속으로 발전하며 일정 출력을 하는 발전을 말합니다. 전력 수요가 작을 때도 요구되는 전력 수요를 충당하는 발전으로, 현재는 발전 원가가 가장 낮고 24시간 발전이 요구되는 원자력, 석탄에 의한 발전을 의미합니다.

★★ 첨두부하 발전이란, 시간적 계절적으로 변동하는 전력 수요에 따라 기저 발전에 더해 추가적으로 요구되는 전력 수요에 대응하는 발전을 의미합니다.

낮고 부피가 큽니다. 이에 어렵게 수소를 만들었다 하더라도 다른 장소로 이송하기 어려우며, 상온에서 연료로 사용하기 위해서는 압축하거나 액화해 옮겨야 하는데 이 과정에서 많은 에너지가 필요하게 됩니다.

또한 수소를 전기 자동차의 연료로 사용하려면 기체 상태의 수소 부피를 가능한 한 작게 줄여 밀도를 높여야 주행거리를 늘릴 수 있습니다. 현재 운행 중인 수소 자동차에서는 700기압의 고압을 견딜 수 있는 고압 탱크를 만들어야 하지요. 그런데 현재 기술로는 고압 탱크 생산에 너무 많은 에너지가 필요하고, 고압 탱크를 만든다 하더라도 현재의 수소 자동차의 연료탱크에는 고작 5-6kg 정도의 수소만 저장할 수 있습니다. 수소충전소에서 700기압으로 충전하여야 하는데 모터가 고속으로 회전하며 높은 압력을 만들기 위한 에너지도 많이 들게 됩니다. 효율성과 경제성이 매우 떨어지는 것이지요.

수소를 생산하는 방법에서도 아직 풀어야 할 과제가 많습니다. 위에서 설명한 세 가지 수소 생산 방식 중 태양열, 풍력 등 신재생 에너지 발전으로 얻은 전기로 물을 분해해 수소를 생산하는 수전해 방식이 가장 친환경적인 방법이지만 안전성의 문제가 걸림돌로 남아 있습니다. 수전해 발전으로 생산하는 수소는 산소와 엄격하게 분리하지 않으면 폭발할 수 있으며, 저장·압축·이동하는 과정에서 많은 에너지가 들고 누수 손실이 발생할 수도 있습니다.

이러한 어려움에도 불구하고 에너지원으로서 수소의 장점은 여전히 큽니다. 특별히 에너지 자원이 부족한 우리나라와 같은 경우 수소의 저장과 이동 기술에 대한 문제를 해결할 수 있다면 에너지 가격이나 에너지 안보★ 등에 영향을 받지 않게 되어 국가경제에 큰 도움이 될 것입니다. 우리나라는 2019년 '수소경제★★ 활성화 로드맵'에서 2040년까지의 수소 산업 목표와 육성방안을 발표하였습니다. 2020년 2월에는 세계 최초로 '수소경제법'을 제정하고 그해 7월에는 수소경제위원회를 도입하는 등 수소경제 활성화를 위해 노력하고 있습니다.

# 원자핵의 힘을 이용해요

이번에는 신재생 에너지에 속하지는 않지만, 탄소 배출이 적은 친환경 에너지로 꼽히는 원자력 에너지에 대해 알아보려 합니다. 원자력이 기후 위기 시대에 적합한 에너지인지 아닌지, 우리나라를 비롯해 세계적으로 많은 논란이 일고 있는데요, 원자력 발전의 원리와 장단점, 한국의 원자력 에너지 현황, 미래의 새로운 원자력 기술 등을 살펴보며 함께 생각여행을 떠나 보겠습니다.

## 원자력 발전 과정을 알아보아요

원자력(atomic energy, nuclear power)이란 방사성 원소(스스로 방사선을 내뿜는 원소)의 원자핵 붕괴나 원자핵의 질량 변화에 의해 방출되는 에너지를 동력 자원으로 활용하는 것입니다. 원자력 에너지를 생산하는 방식은 크게 핵분열과 핵융합으로 구분할 수 있는데요, 현재 일반화된 방식은 핵분열이며 핵융합 방식은 활발히 연구가 진행되고 있습니다. 따라서 현재 기준으로 원자력 발전을 정의하면, 핵분열 반응으로 발생하는 열을 사용해 물을 끓여서 증기로 만들고, 그 증기로 터빈을 돌려 전기를 만드는 방법이라고 정의할 수 있지요.

---

★ 에너지 안보(energy security)란 국가가 자국의 에너지 수요를 감당할 수 있을 만큼 충분한 공급량을 확보하는 것을 말합니다. 오늘날 모든 경제 활동은 전기 에너지를 중심으로 유지되는데요, 따라서 필요한 만큼 전기 에너지를 안정적으로 공급할 수 있는 공급망을 대내외적으로 확보하고 유지하는 것이 국가의 에너지 안보에서 중요합니다.

국제 정세와 대외 관계는 대외적 에너지 안보에 영향을 미치는 요인입니다. 대내적 에너지 안보는 전력 계통의 안정성과 밀접히 연관되어 있습니다. 에너지 안보가 중요해지면서 자원을 무기화하는 움직임이 나타나기도 하는데요, 가까운 예로 2022년 러시아는 우크라이나를 침공해 전쟁을 일으킨 후 서방의 금융 제재와 수출 통제가 이루어지자 천연가스 공급을 중단하겠다고 유럽을 압박하였습니다.

★★ '수소 경제'는 수소를 중요 에너지원으로 사용해 국가 경제, 사회 전반, 국민 생활 등에 근본적인 변화가 이루어지는 시스템을 의미합니다. 기존에 화석 연료를 주요 에너지원으로 사용하는 '탄소 경제'에 반하는 개념이지요.

원자력 발전은 자연계에서 가장 무거운 방사성 원소인 우라늄(uranium)을 이용합니다. 우라늄 원자핵에 빠르게 움직이는 중성자를 충돌시키면 바륨(barium), 크립톤(krypton), 스트론튬(strontium), 제논(xenon)과 같은 더 가벼운 원소로 쪼개지면서 에너지와 중성자를 함께 방출하게 됩니다. 이 중성자는 다른 우라늄 원자핵과 반응하여 다시 에너지와 중성자를 생성하고, 이러한 과정이 반복되면서 핵분열 에너지를 계속적으로 얻을 수 있습니다.

원자력 발전의 역사는 핵분열 현상이 처음 발견된 20세기 초로 거슬러 올라갑니다. 1938년 독일 화학자 프리츠 슈트라스만(Fritz Strassmann)은 우라늄의 원소 붕괴 현상을 발견합니다. 우라늄 원자에 중성자가 충돌하면 2개의 더 작은 원자로 분리되고 그 과정에서 에너지가 방출된다는 사실을 발견한 것이지요. 이를 후에 독일 화학자 오토 한(Otto Hahn)과 오스트리아 출신 여성 물리학자 리제 마이트너(Lise Meitner)가 '핵분열'로 정의하면서 원자핵 연구의 시대가 열리고 원자력 발전소가 생겨나게 되었습니다.

세계 최초로 원자력 발전이 시작된 곳은 미국의 원자로 EBR-1입니다. 1951년 12월에 실험적으로 200kW의 발전에 성공하였지요. 그리고 1954년 6월, 옛 소련의 오브닌스크(Obninsk)에 건설된 최초의 원자력 발전소에서 전기를 생산하기 시작합니다. 이후 원자력은 전기 생산의 주요 공급원으로 자리 잡게 되었으며, 현재 세계에는 437여 개에 이르는 원자력 발전소가 가동되고 있고 58기의 원자력 발전소가 건설 중에 있습니다(2023년 기준).

## 핵분열은 어떻게 일어날까?

원자핵 속의 양성자(proton)와 중성자(neutron)는 강한 힘(핵력)에 의해 결합되어 있고, 양성자들은 서로 전기적 반발력을 지니고 있습니다. 자연 상태의 원자핵 속의 대부분의 양성자와 중성자는 전기적 반발력보다 더 큰 핵력에 의해 안

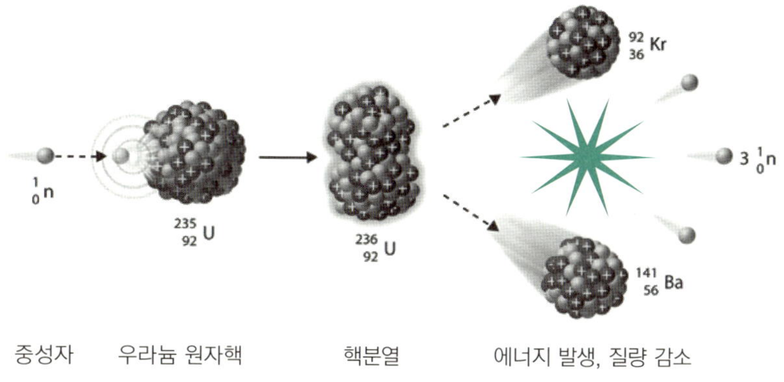



정한 상태를 유지하고 있습니다. 그러나 양성자 수가 아주 많은 원자핵의 경우에는 양성자들 사이의 전기적 반발력이 크고, 양성자와 중성자의 수가 많으므로 그들 사이의 거리가 멀어져 서로 끌어당기는 핵력이 상대적으로 작아지기 때문에 불안정한 상태가 됩니다. 또한 질량수(원자핵을 구성하는 양성자 수와 중성자 수의 합)가 많은 원자핵들은 불안정하므로 입자나 전자기파를 방출하고 보다 안정한 원자핵이 되려고 하는데요, 이와 같이 원자핵이 불안정한 원소를 '방사성 원소'라고 합니다. 이들 방사성 원소는 과도한 에너지를 지닌 불안정한 원자핵으로 구성되어 있기 때문에 방사선 형태로 에너지를 내놓으면서 안정된 형태로 변하게 됩니다. 그런 과정에서 핵분열이 일어나게 되는 것이지요. 우라늄이 그러한 방사성 원소입니다.

원자핵 분열의 원리를 나타낸 위의 그림을 한번 볼까요? 원자력 발전소에서 사용되는 연료는 일반적으로 핵분열성 동위원소인 우라늄-235로 구성된 농축 우라늄입니다. 원자량이 1인 중성자가 원자번호 92의 우라늄-235 원자핵과 충돌하면 원자핵이 236이 되고, 그렇지 않아도 불안정한 핵 상태가 더 불안정하게 되어 핵분열을 일으키게 됩니다. 그 결과 불안정한 우라늄-236이 원소기호 36의 크립톤과 원소기호 56의 바륨, 그리고 3개의 중성자로 분리됩니다. 그런데 핵분열 이전의 총 질량과 핵분열 이후의 총 질량을 비교해 보면 분열 후가 약간 가벼워진 것을 발견할 수 있는데요, 줄어든 이 질량이 바로 에너지로 바뀌어 발산되는 것입니다.

"물질이 소멸하면 질량에 빛의 속도의 제곱을 곱한 만큼 에너지로 변한다($E=MC2$)"라는 아인슈타인 박사의 유명한 공식이 이 같은 현상을 설명해 줍니다. 그리하여 우라늄(U235)이 핵분열하면서 만들어지는 에너지가 같은 무게의 석탄이 탈 때보다 약 300만 배, 석유가 탈 때보다 약 220만 배에 달하는 엄청난 에너지를 발생시킵니다. 이를 우라늄 1g으로 환산하면, 우라늄 1g이 발생시키는 에너지가 석탄 3t, 석유 1,800$l$의 연소 열량과 비슷하다고 합니다.

그렇다면 왜 원자력 발전소에서는 우라늄을 연료로 사용할까요? 위에서 설명한 것과 같이 원자핵이 불안정하여 중성자를 흡수하면서 핵분열이 일어나야 하고, 핵분열로 나오는 중성자가 또 다른 우라늄-235에 흡수되면서 연속적인 핵분열이 일어나야 하기 때문입니다. 그리고 발전에 사용할 만큼 충분한 에너지를 발생해야 하는데, 우라늄은 보통 한 번 핵분열을 할 때 200MeV(메가전자볼트)라는 많은 에너지를 방출합니다. 또한 핵분열 물질을 구하기가 용이해야 하는데, 우라늄은 지구 지각에 비교적 골고루 분포되어 있습니다. 핵분열에 사용하는 우라늄 235가 많이 함유된 광산들은 석유 유전에 비하면 덜 편중되어 있지만, 지역적으로 보면 호주나 캐나다, 남미 등에 많이 매장되어 있습니다.

## 원자력은 기후 위기 시대에 해결책이 될 수 있을까?

최근 몇 년 동안 기후 위기 문제와 함께 자주 논의되는 주제가 바로 원자력 발전소입니다. '원자력 발전소는 폐쇄해야 한다 vs 아니다, 계속 가동해야 한다', '원자력 발전소는 안전하다 vs 아니다 위험하다', '기후 위기 시대에 한국은 원자력 에너지가 답이다 vs 아니다, 재생 에너지를 확대해야 한다' 등이 대립되는 주요 사항인데요, 여러분들의 생각은 어떤가요? 어느 한쪽을 쉽게 선택할 수 있나요? 세상의 많은 문제들이 그러하겠지만, 원자력 발전소 관련 문제는 참 딱 잘라 말하기 어려운 것 같습니다. 정답이 있는 문제가 아니라 사회적으로 서로 많이 고민하고 논의해 가장 적합한 해답을 찾아야 할 사항이지요.

자, 그럼 원자력 발전의 장단점을 살펴보면서 기후 위기 시대에도 원자력 발전이 계속되어야 할지 함께 생각해 볼까요? 다음은 원자력 발전의 장점을 꼽아 본 것입니다.

- **높은 에너지 밀도**: 우라늄과 같은 핵연료는 화석 연료보다 훨씬 적은 양으로 많은 양의 에너지를 생산할 수 있어요.

- **안정적 생산**: 핵연료는 화석 연료에 비해 수송과 저장이 쉬우며 자주 연료를 보급할 필요가 없어 안정적으로 에너지를 생산할 수 있어요.

- **경제성**: 다른 발전 방식에 비해 초기 건설 비용은 많이 들지만, 화석 연료에 비해 연료비가 훨씬 저렴해요. 그러나 핵폐기물 처리 비용과 방사능 위험 등 사회적 비용을 감안하면 경제성이 떨어진다는 주장도 있지요.

- **환경 친화적**: 발전 과정에서 적은 양의 이산화탄소만 배출하고 방사능을 제외한 다른 오염 물질은 배출하지 않아요.

핵연료의 에너지 밀도가 높다는 데 과연 어느 정도일까요? 두 손가락으로 집을 만한 조각의 우라늄 5g(참고로 휴대폰은 25g 정도임)이 생산하는 에너지가 석탄 1t, 석유 500$l$에 달한다고 합니다. 이를 기간으로 추정하면 4인 가족이 8개월 동안 사용하는 전기량에 맞먹는다고 하니 정말 대단하지요?

한편, 우라늄 역시 카자흐스탄, 호주, 캐나다, 미국 등 일부 지역이 주요 생산지입니다. 한반도의 경우 북한 지역에 우라늄 매장량이 많고 한국은 충북 괴산, 금산 일대에 매장되어 있으나 원자력 발전에 적합하지 않아 수입해야 하는 상황이지요. 그러나 화석 연료에 비해서는 전 세계적으로 매장량이 많고 가격도 저렴

1978년 4월 첫 운전을 시작한 한국 최초의 원자력 발전소 고리 1호기(왼쪽)는 2017년 6월 40년 동안의 운행을 중단했어요. 이후 안전한 해체 작업을 위한 준비를 거쳐 현재(2024년 5월) 첫 단계인 제염(除染, 방사성 물질을 화학약품으로 제거하는 작업) 작업을 시작했어요.

한 편이어서 경제적이고 안정적 생산이 가능합니다. 이러한 장점 때문에 한국은 원자력 발전 기술이 매우 발달하게 되었습니다. 1978년 부산 지역에 최초의 원자력 발전소 고리 1호가 건설되었고 2024년 현재 26기가 가동 중입니다. 원자력 발전은 한국의 경제 성장에 큰 원동력이 되었지요. 또한 한국의 우수한 원자력 발전 건설 기술은 세계에서도 인정받고 있다고 합니다. 세계적으로 원자력 발전소 건설 부분에서 독자적 기술을 갖춘 곳은 여섯 나라뿐인데 우리가 그중 한 곳이지요. 한 예로 아랍에미리트의 바라카 원자력 발전소 1-4호기는 한국 수력 원자력의 고유 기술로 만든 한국형 원전으로 '사막의 기적'이라고 불립니다.

## 원자력 발전의 문제와 사용후 핵처리

여러 장점에도 불구하고 많은 이들이 원자력 에너지를 우려하는 이유는 다음과 같은 점 때문입니다.

- **사고 위험성**: 원자력 발전에는 방사선이 필수적으로 발생하므로 누출 사고 발생 시 매우 위험해요.

- **방사성 폐기물 처리**: 발전 중 생긴 방사성 폐기물, 발전 후 타고 남은 방사성 폐기물 처리에 많은 비용과 시간이 소요되며 안정성을 보장할 수 없어요.

- **보안 위험**: 방사성 물질 방출을 수단으로 원자력 발전소가 테러 공격의 대상이 될 수 있어요. 또한 원자력을 만드는 데 사용되는 재료가 핵무기를 만드는 데 사용될 수도 있지요.

- **환경 영향**: 우라늄 채굴 시 환경에 부정적 영향을 미칠 수 있어요. 또한 원자력 발전소를 건설하고 운영할 때 주변 환경과 야생 생물에 부정적 영향을 미칠 수도 있지요.

앞에 나열한 사항은 결국 방사성 물질의 위험성으로 귀결됩니다. 건설 시 환경적 부분은 지역적 차이가 있고, 사전조사와 관리가 잘 이루어지면 크게 문제되지 않을 수 있지요. 사실, 원자력 발전소는 사고 방지를 위해 워낙 견고하게 짓고 시스템을 잘 갖추기 때문에 다른 발전소와 사고 비율을 비교했을 때도 안전한 편에 속합니다. 방사성 물질이 방출되는 것을 방지하기 위하여 물리적 장벽을 여러 겹 설치하고 중복 백업 시스템이나 자동 종료 시스템 같은 높은 기술의 안전 시스템을 갖추지요. 또한 원자력 발전소는 안전하게 운영되도록 엄격한 규제와 감독을 받습니다. 다만, 자칫 사고가 발생하면 1986년 체르노빌 원전 사고,★ 2011년 후쿠시마 원전 사고★★처럼 그 피해가 너무 막대하기 때문에 위험성이 강조될 수밖에 없는데요, 이러한 사고를 거치면서 원자력 발전소의 안전기준은 더욱 엄격해지고 철저히 관리되고 있지만 사고 발생의 위험에서 완전히 자유롭기는 힘들지요.

방사성 폐기물은 중저준위 폐기물과 고준위 폐기물로 나눌 수 있습니다. 장갑, 방어복 등 방사성 준위가 비교적 낮은 것이 중저준위 폐기물로 보통 커다란 드럼통 같은 곳에 담아 100년 정도 보관합니다. 고준위 폐기물은 방사성 방출량이 높은 핵연료, 핵연료 재처리 과정에서 발생하는 폐기물 등입니다. 이러한 사용 후 핵연료는 겉보기에는 사용 전 핵연료와 다를 바가 없지만, 발전소의 원자로 속에서 핵분열 반응 중 생긴 핵분열 생성물 때문에 높은 방사능을 가지고 있

---

★ 체르노빌 원자력 발전소 사고는 1986년 4월 26일 러시아의 국경지역에 근접해 있던 우크라이나 영토의 체르노빌 원자력 발전소에서 발생한 폭발에 의한 사고입니다. 비상시 터빈의 관성력으로 얼마만큼 발전이 가능한지에 관한 실험을 하던 중 관리자의 인위적 실수에 의해 발생하였습니다. 방사능의 피해가 우크라이나뿐만 아니라 벨로루시와 러시아까지 확대되었고, 인류 역사상 최악의 원자력 사고로 남게 되었습니다.

★★ 후쿠시마 원자력 발전소 사고는 2011년 3월 11일 일본 후쿠시마 제1 원자력 발전소에서 동일본 대지진으로 인한 쓰나미로 인해 발생한 사고입니다. 체르노빌 원전사고와 함께 국제 원자력 사고 척도(INES)에 의해 분류된 사고 등급 중 가장 심각한 사고를 의미하는 7등급으로 분류되는 최악의 사고입니다.

습니다. 핵분열 반응은 끝났어
도 계속 열을 발생하기 때문에
사람이 직접 접촉하면 안 되고
깊은 수조에 담가 차가운 물에
서 3–5년 정도 냉각해야 합니다. 그런 다
음 꺼내서 마치 탑처럼 세운 후 공기 중
에서 말리는 과정을 거치는데요, 이후에
완전히 땅속에 묻는 과정까지 마쳐야 처
리가 끝난다고 합니다.

　　문제는 이처럼 고준위 폐기물을 땅속
에 묻을 처리장, 즉 심지층 처분장을 구
하는 것이 매우 어렵다는 점입니다. 우선적으로 처분장이 위치할 지역 주민들
에게 동의를 구해야 하고, 장소가 정해져도 해당 지역에 지진이 발생하지는 않
는지, 지하수가 스며들어 방사성 물질이 퍼질 위험은 없는지 등을 긴 시간을 두
고 지켜보아야 합니다. 프랑스 비르(Vire) 지역의 경우 드넓은 밀밭 아래에 지하
500m의 땅을 파놓고 현재 20년째 관찰연구 중이라고 하니 심지층 처분장을 마
련하는 것이 얼마나 예민한 문제인지 짐작할 수 있습니다. 세계 최초이자 유일
한 심지층 처분장은 핀란드의 온칼로(Onkalo)에 있는데요, 핀란드는 원자력 발
전을 처음 시작한 1983년부터 고준위 폐기물 처리 문제를 고민했다고 합니다.

　　그렇다면 우리나라의 상황은 어떨까요? 40년 넘게 원자력 발전을 이용하고
있는 한국도 고준위 폐기물 처리 문제가 매우 시급합니다. 사용 후 핵연료를 저
장하고 있는 수조의 용량이 거의 한계에 다다랐다고 합니다. 과거 우리는 중저준
위 폐기물 처리장을 건설하는 데도 10여 년 이상의 시간과 커다란 사회 갈등을
겪었는데요, 이러한 경험을 바탕으로 정부와 지자체가 고준위 폐기물 처리장의
필요성, 설계 및 관리 과정 등을 국민들에게 투명하게 설명하고 사회적 합의를

이끌어 내는 일이 무엇보다 중요하다고 생각합니다.

## 소형모듈원전이 기후 위기의 대안일까?

소형모듈원전(SMR, Small Modular Reactor)은 기존 대용량 발전 원자로에 대비되는 개념으로 300MW(메가와트) 이하의 전기 출력을 가진 소형 원자로를 의미합니다. 표준화된 모듈 개념으로 건설하면 안전성과 기술성, 활용성 등을 보장할 수 있을 것이라는 기대 아래 2000년대 중반 이후 미국에서 처음 개발되기 시작했습니다.

소형모듈원전은 대형 원전 시설에 비해 물리적 공간을 덜 차지해 장소의 제한을 덜 받습니다. 따라서 분산 에너지 환경에 적합하지요. 그리고 대형 원전보다 건설 기간과 비용을 크게 줄일 수 있고, 소형 원자로를 여러 개 묶어 원하는 발전량으로 쉽게 확대하거나 축소할 수 있습니다. 또한 크기가 작은 만큼 방사능 유출 사고가 발생했을 때 대응 구역이 작고 안전한 편입니다. 이러한 장점 때문에 많은 국가에서 기후 위기 시대에 소형모듈원전을 상용화하기 위해 힘쓰고 있습니다.

소형 원전의 개발에 앞장서고 있는 곳은 미국, 러시아, 중국, 일본 등 기존에 대형 원전을 보유한 나라들입니다. 한국 역시 혁신형 소형모듈원전개발 사업단을 출범하며 기술 개발에 힘쓰고 있는데요, 우리나라의 경우 주로 소형 원전의 수출을 목표로 하고 있으나 국내에서도 재생 에너지와 결합해 분산 전원으로 유용하게 활용할 수 있을 것으로 기대합니다.

물론 아직 소형모듈원전은 대형 원전에 비해 발전 효율이 낮고 단위당 발전 비용이 훨씬 높습니다. 현재는 설계 단계이므로 건설이나 운영 경험의 부족으로 사고가 발생할 위험성도 존재하지요. 또 사용 후 핵연료인 방사능 폐기물을 분류하는 데 어려움이 있고 고준위 폐기물 비율도 높은 편이기 때문에 소형모듈원전의 상용화는 아직 큰 위험성을 안고 있습니다. 따라서 앞으로 혁신적 기술 개발이 이루어져 이러한 단점들이 보완되어야 소형모듈원전이 분산 에너지 시대의 주요 기술로 자리 잡을 수 있을 것입니다.


## 그린 택소노미란?

한국의 에너지 자원별 생산 비율을 보면 석탄 34%, 원자력 30%, 천연가스 29%, 재생 에너지 및 기타 7% 정도입니다. 석탄 다음으로 원자력 에너지의 비율이 높지요. 그래서 일부 사람들은 기후 위기 시대에 한국은 석탄 사용률을 줄이면서 원자력 발전 부분을 더욱 키워야 한다고 주장하기도 하는데요, 탄소 배출을 거의 하지 않으니 원자력을 친환경 에너지로 볼 수도 있지만, 아직 해결하지 못한 방사성 폐기물 처리 문제를 생각하면 어떠한 선택을 해야 할지 참 고민되는 문제입니다.

2022년 유럽연합(EU)에서는 원자력 발전과 천연가스 발전에 대하여 EU에서 제시하는 규정을 완비하게 되면 녹색 에너지로 분류할 수 있다고 발표하면서 그린 택소노미(Green Taxonomy)에 포함시켰습니다. 그린 택소노미란 녹색산업을 뜻하는 '그린'과 분류학을 뜻하는 '택소노미'가 합해진 말인데요, 어떤 산업 분야가 친환경 산업인지를 분류하는 EU의 '녹색 산업 분류체계'라고 할 수 있습니다. 즉 친환경 산업을 선별하여 지정한 후 금융과 세제 혜택을 지원해서 투자가 활성화되도록 돕는 EU의 그린 택소노미에 원자력 발전이 일정한 조건을 맞추면 포함될 수 있게 된 것이지요.

이러한 결정으로 한국에서도 기후 위기 시대에 원자력 발전이 나아갈 길에 대한 논의가 어느 정도 방향을 잡을 수 있을 것 같은데요, 그러나 원전이 그린 택소노미로 인정받기 위해 충족해야 하는 조건들은 매우 엄격합니다. EU가 그린 택소노미에 원자력을 포함하며 제시한 조건은 고준위 폐기물 처분 시설을 완비하는 것인데, 한국은 아직 관련 시설 부지조차 확보하지 못하고 있습니다.

또한 원자력이 그린 택소노미에 포함되려면 사고저항성 핵연료(ATF, Accident Tolerant Fuel) 기술을 갖추어야 합니다. 사고저항성 핵연료는 체르노빌이나 후쿠시마의 원자력 사고와 같이 원자로 노심 냉각이 정지된 비상 상황에서도 장시간 안전성을 유지할 수 있는 핵연료를 말하는데요, 그러나 아직까지 원자로 노심 냉각이 정지된 상태에서 장시간 안정성을 유지할 수 있는 상용화된 기술을 보유한 국가는 없습니다. 한국과 같이 원전 비중이 높은 프랑스와 미국이 2025년 상용화를 목표로 ATF 개발에 힘써 최근(2023년 7월) 첫 연소 시험에 성공한 단계이지요. 그리고 우리나라도 ATF에 대한 소재를 개발하고 연구 중인데요, 계획대로 진행되어 2031년쯤 상용화를 이룰 수 있다면 탄소 중립에 한발 가까이 다가갈 수 있을 것입니다.


## 미래 에너지는 핵융합 에너지

원자력 에너지를 생산하는 방식에는 핵분열과 핵융합이 있고, 현재 일반화된 방식은 핵분열이라고 앞에서 이야기하였습니다. 핵분열과 핵융합 과정은 정반대입니다. 핵분열은 무겁고 불안정한 원소의 원자핵을 분열시키면서 에너지를 만들고, 핵융합은 가벼운 원소들이 서로 융합·결합하면서 에너지를 만들게 됩니다.

수소와 같은 아주 작은 원자핵에 강한 압력과 열을 가하면 헬륨과 같은 무거운 원자로 결합하면서 질량의 일부를 잃고 큰 에너지를 방출합니다. 태양을 비롯한 별에서 나오는 에너지 역시 중수소, 삼중수소와 같은 가벼운 수소 원자들이 서로 융합하여 보다 무거운 헬륨 원자가 되면서 나오는데요, 이러한 이유로 핵융합 발전을 '인공태양'이라고 부릅니다. 보통 수소는 중성자가 없지만 바닷물 속에 존재하는 이중수소는 중성자가 하나이고, 흙 속에 일부 존재하는 삼중수소는 중성자가 2개입니다. 이 둘을 결합해서 헬륨으로 변화시키는 것이

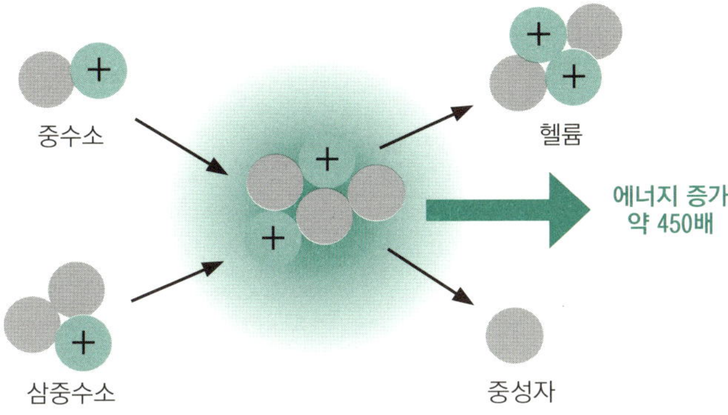


위의 그림과 같은 핵융합 반응입니다(자료: 한국에너지정보문화재단).

문제는 핵융합이 일어나는 조건을 만드는 것이 매우 어렵다는 것입니다. 핵융합을 위해서는 1억°C 이상의 초고온 상태(플라스마)가 일정 기간 이상 이어져야 하는데(최소 300초 이상), 플라스마(plasma)를 안정적으로 수납하고 견딜 수 있는 용기가 지구상에 현실적으로 존재하지 않습니다. 그래서 자력선(magnetic line of force)을 이용하여 플라스마를 유지하는 '토카막(tokamak)'이라는 자기 감금 방식이 현재 한창 연구되고 있는데요, 아직까지 긴 시간을 유지하는 것이 기술적으로 어렵고 큰 비용이 소모되는 상황입니다.

한국을 포함해 유럽연합과 미국, 일본, 러시아, 중국, 인도 7개국은 프랑스 남부에 세계 최대의 토카막을 건설하여 핵융합 상용화 가능성을 실험하고자 국제열핵융합실험로(ITER, International Thermonuclear Experimental Reactor) 프로젝트를 공동으로 진행하고 있습니다. 최근에는 플라스마 상태를 30초간 유지했다는 반가운 소식도 전해졌는데요, 이러한 시도들이 쌓이고 쌓여 핵융합 발전이 성공하는 그날이 온다면 새로운 에너지 시대가 열릴 것입니다. 우라늄 같은 제한적 자원이 아니라 지구상에 보편적으로 존재하는 수소와 같은 저렴한 자원을 활용하여 대규모 에너지를 얻을 수 있고, 핵분열 발전의 방사능 유출과 사고 발생 위험, 핵폐기물 관리 문제 등에서 해방될 수 있으니까요.

# 마리 퀴리의
## 세상에서 가장 위험한 연구노트

우리에게는 퀴리부인으로 더 익숙한 마리 퀴리(Marie Curie, 1867-1934)는 인류의 삶을 엄청나게 발전시킨 인물입니다. 1898년 그녀는 남편 피에르 퀴리와 방사능 물질인 라듐(radium, 원소기호 Ra, 원자번호 88번 원소)과 폴로늄(polonium, 원소기호 Po, 원자번호 84)을 발견했고 그 공로를 인정받아 1903년 노벨 물리학상을 공동 수상합니다. 이후 1911년에는 금속 라듐을 분리해 낸 공로로 노벨 화학상을 수상하게 되어 여성 최초로 노벨상 2회 수상자가 되었지요. 그녀가 이룬 연구 성과는 오늘날까지 물리학, 화학, 의학 등의 다양한 학문 분야에 큰 영향을 끼치고 있습니다.

마리 퀴리가 발견한 라듐은 내부의 핵붕괴 과정에서 베타선을 방출하고 X선보다 높은 투과성을 지니기 때문에 생물학적인 조직을 효율적으로 파괴할 수 있습니다. 이러한 사실이 밝혀지면서 방사선을 종양 치료에 이용하는 라듐요법이 개발되었고 수많은 암 환자들의 생명을 살리게 되었지요. 한편 이러한 의학적 효과 외에도 어둠 속에서 스스로 빛을 발산하는 라듐의 발광 성질이 대중적으로 알려지면서 20세기 초기에 라듐은 야광도료, 건강용품, 화장품 등 다양한 실생활 분야에 활용되었습니다.

그러나 라듐을 이용하던 사람들이 방사선 과다 노출로 사망하는 사례가 늘어나면서 라듐의 위험성은 세상에 알려지게 됩니다. 영화 포스터에 페인트칠을 하던 여성 노동자들이 페인트 속 라듐 성분으로 목숨을 잃는 사건 등이 발생하면서 이후 라듐은 실험실에서만 사용하는 물질이 되었지요.

마리 퀴리는 오랫동안 방사성 물질을 연구하면서 핵물질에 많이 노출되었습니다. 오늘날처럼 보호 장구도 착용하지 않고 라듐을 맨손으로 취급하였기에 엄청난 열과 방사선에 노출되었지요. 생애 그녀의 손은 언제나 불에 댄 것처럼 쭈글쭈글하고 지문까지 모두 닳아 없어져 버렸을 정도였다고 합니다. 그리고 1934년 오랜 기간 몸속에 쌓인 방사선으로 인한 백혈병으로 사망하기 전까지 마리 퀴리는 골수암, 재생불량성 빈혈, 고질적 근육통과 같은 많은 병에 시달려야 했습니다.

마리 퀴리의 시신은 따리 외곽에 있는 남편의 묘 옆에 나란히 묻혔는데, 사후 61년 만인 1995년 4월에 프랑스 정부로부터 공로를 인정받아 여성 최초로 팡테옹에 안장되는 영예를 안게 됩니다. 팡테옹(Pantheon)은 프랑스 정부가 인정하는 위대한 업적을 남긴 국가적 위인들만 안장되는 곳이지요. 그런데 당시 마리 퀴리와 남편 피에르 퀴리의 유해를 따리의 팡테옹으로 이장하는 과정에서 뜻밖에 사실이 발견되었는데요, 유해는 물론 그녀가 사용했던 연구노트에서 상당량의 방사선이 계속 방출되고 있었던 것입니다. 그래서 프랑스 정부는 퀴리 부부의 유해와 연구노트를 납으로 특수 제작된 방사선 차단관으로 옮기고 나서 매장하게 되었지요. 사후 61년이 넘었는데도 여전히 방사선이 방출되고 있었다니 정말 놀랍지요? 이 일은 방사능의 위험이 얼마나 큰 것인지를 세상에 다시금 알리는 계기가 되었습니다.

퀴리 부부의 유해가 안치되어 있는 팡테옹의 모습이에요. 건물 입구의 삼각형 부조 아래에는 "조국이 위대한 사람들에게 사의를 표하다."라는 글자가 쓰여 있다고 해요.
오른쪽은 납 상자에 담겨 프랑스 국립도서관 지하에 보관되어 있는 마리 퀴리의 연구노트이에요.

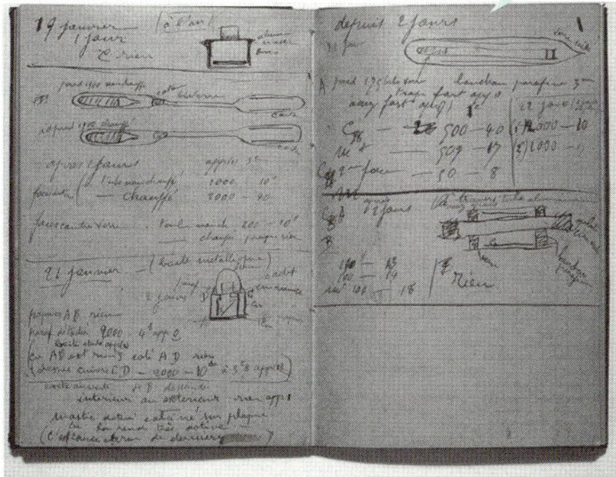

# 에너지 전환과 분산 에너지 시스템

에너지 전환이란 지구 환경의 지속 가능성을 위해 기존의 화석 연료 기반의 에너지 시스템을 친환경·저탄소 에너지 시스템으로 바꾸는 것입니다. 즉 에너지 공급 체계를 화석 연료와 핵분열식 원자력 기반의 지속 불가능한 방법으로부터 재생 에너지를 이용한 지속 가능한 방법으로 바꾸는 것이지요. 실제로 지구촌 곳곳에서 일어나는 기상 이변에 위기의식을 느낀 전 세계 많은 국가들이 친환경·저탄소 재생 에너지로의 전환을 추진하고 있습니다.

에너지 전환을 이루는 데 바탕이 되는 키워드는 3D★로 요약됩니다. 탈탄소화, 분산화, 디지털화가 그것인데요, 각각 어떤 의미인지 살펴볼까요?

- 탈탄소화(decarbonisation): 에너지 생산과 소비 과정에서 이산화탄소의 발생을 억제하기 위해 화석 연료 대신 다양한 재생 에너지를 개발·활용함으로써 탄소 배출량을 제로로 만드는 모든 과정을 뜻합니다.

- 분산화(decentralisation): 대규모 발전소에서 장거리 송전으로 생산되고 소비되는 중앙집중형 전력 시스템이 아니라, 소규모의 분산형 전원과 에너지를 생산하는 것을 말합니다.

- 디지털화(digitalisation): 전력 설비를 디지털화하여 신재생 에너지 전력의 변동성을 정확하게 예측·진단하는 것을 의미합니다. 사물인터넷(IoT)과 인공지능 기술 등을 에너지 산업에 접목해 에너지 효율성과 생산성을 높일 수 있습니다.

현재 경제협력개발기구(OECD) 34개국 중 절반 이상의 국가에서 재생 에너지 비율이 이미 30%를 초과하고 있습니다. 태양광과 풍력 등 재생 에너지의 비

---

★ 최근에는 3D에 더해서 이를 지원하기 위한 새로운 법률을 제정하고 기존 규정을 완화하는 활동 등을 아우르는 탈규제화(deregulation)도 에너지 전환의 키워드로 꼽히고 있습니다.

중이 커질수록 국가 전체 전력망의 안정성이 위협을 받을 수 있으므로 재생 에너지를 전체 에너지 믹스(energy mix, 다양한 에너지원의 구성비)에 조화롭게 융합하는 최적의 에너지 저장 시스템과 유통 시스템을 구축해야 하는데요, 이는 분산 에너지 시스템을 갖추고 에너지저장장치(ESS), 스마트 그리드, 인공지능을 이용한 에너지 예측분석 시스템과 같은 혁신 기술을 도입해 이룰 수 있습니다.

분산 에너지 시스템은 기후 위기 시대에 에너지 전환을 이루기 위해 꼭 갖추어야 할 시스템입니다. 에너지 자원을 다변화하고 에너지 효율을 높이는 데 기반이 되는 시스템이지요. 따라서 이번 절에서는 에너지 전환이라는 큰 틀에서 분산 에너지 시스템을 어떻게 구현할 수 있는지 이야기해 보겠습니다.


## 분산 에너지 시스템이란?

분산 에너지 시스템은 대규모 발전소 기반의 중앙 집중형 전력 시스템과 대비되는 개념입니다. 우리나라는 전국이 하나의 전력망으로 구성되어 있으며 원자력, 석탄 화력 발전과 가스 발전 등 대규모 발전소에서 전체 전력의 대부분을 생산하는 중앙 집중형 전력 시스템을 운영하고 있습니다. 대부분의 발전 시설들은 충남 서해안(당진, 보령, 태안)과 인천, 경상북도의 울진, 부산과 울산(고리/신고리) 등 4개 지역에 집중되어 있지만, 전력 수요는 수도권에 집중되어 있습니다.[★] 이러한 중앙 집중형 전력 시스템에서는 수도권의 전력 수요를 맞추기 위해 전기를 먼 거리로 이동시켜야 하는데, 그 과정에서 많은 비용이 발생하고 손실되는 전력량(송전손실)도 매우 큽니다. 또한 대규모 발전 시설을 짓고 유지하는 데 민원이 많이 발생하게 되지요.

---

★ 2021년 기준 서울의 전력 소비량은 4만 7,296GWh(기가와트시)에 달했지만, 서울에 있는 발전소에서 생산된 전력량은 5,344GWh에 그쳤다고 합니다(전력 자립률 11.3%).

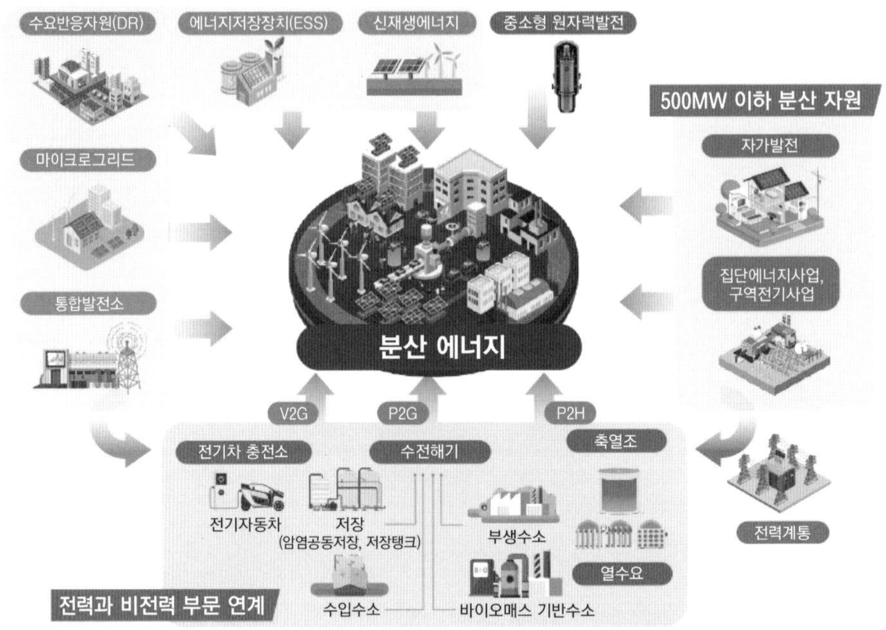



반면 분산 에너지 시스템은 에너지를 사용하는 지역 인근의 여러 소규모 발전 시설에서 전기를 생산하고, 이를 취합하여 수요지로 분배하는 작은 규모의 에너지 시스템입니다. 송전 거리가 긴 중앙 집중형 전력망 대신 분산 전원을 이용해 효율적인 송배전 체계를 구축하는 것이지요. 위의 그림은 분산 에너지의 범위를 나타낸 것인데요(자료: 한국에너지공단), 이를 보면 전기 수요지 주변 지역에서 다양한 에너지 자원을 통해 전력을 생산하고 소비·저장하며, 남는 전력은 저장하거나 필요할 때 사용할 수 있도록 연계된 모든 자원들이 분산 에너지의 범위에 속한다는 것을 알 수 있습니다. 그리고 이를 지원하는 장치로 수요반응자원(DR), 에너지저장장치(ESS), 가상발전소(VPP) 등이 있다는 것을 알 수 있습니다.

기후 위기 시대에 대부분의 선진국들은 분산 에너지 시스템을 확대하고 있습니다. 기후 변화에 대응하려면 화석 연료 사용을 줄이고 친환경 재생 에너지 사용을 확대해야 하는데, 재생 에너지가 기존의 대규모 발전소 기반의 중앙 집중형 에너지 시스템에 적합하지 않기 때문입니다. 한국도 지역 단위 에너지 생산·소비 시스템을 구축하기 위해 2023년 6월 '분산 에너지 활성화 특별법'을 제정하였습니다.

그러나 분산 에너지 시스템은 안정적인 전력 공급 측면에서 아직 보완해야 할 부분이 있습니다. 일부 전문가들은 재생 에너지나 분산 전원을 주로 사용하는 분산 에너지 시스템에서는 기저 발전을 주로 관리하는 중앙 집중형보다 안정적인 전력원을 확보할 수 없기 때문에 지역의 전력 공급에 크고 작은 사고가 발생할 가능성이 높다고 주장합니다. 또한 재생 에너지의 변동성과 간헐성이 분산 에너지 시스템 운영에 걸림돌이 될 수 있다고 지적합니다. 예를 들면 전기를 발전하는 도중에 구름이 끼거나 바람이 세게 불면 전력 계통의 주파수(60Hz) 위상에 영향을 줄 수 있는데요, 따라서 분산 에너지 시스템 안에서 재생 에너지의 변동성과 간헐성 문제를 완화할 수 있는 에너지저장장치(ESS)나 양수(揚水) 발전 시설★ 등을 갖추고 안정적인 에너지 관리 시스템을 확보하여야 할 것입니다.

★ 양수 발전은 전력 수요가 적은 시간대에 남는 전력으로 하부댐의 물을 상부댐으로 퍼 올려(양수) 저장해 두었다가 전력 수요가 많아지면 물을 흘려보내 전력을 생산하는 방식입니다. 전력 수요가 급증할 때나 비상 시에 신속히 가동해 전기를 공급할 수 있는 '전기 저장장치'라 할 수 있지요. 2024년 현재 우리나라에는 7개 양수 발전소가 있으며 국내 전체 발전 용량의 3.2%(4.7GW)를 차지하고 있는데요, 신재생 에너지가 확대되면서 양수 발전도 확대될 것으로 보입니다.

## 분산 에너지 시스템의 주요 요소들

**수요반응**(DR, Demands Response)이란 전기 사용자가 스스로 전력 수요를 줄여 전력 수급 상황을 개선한다는 개념입니다. 수요반응자원 사업은 전기 수요가 높은 시간에 고객(전기 사용자)이 절약한 전기를 수요관리 사업자를 통해 전력 시장에 판매하고 고객과 사업자가 판매 수익을 공유하는 사업입니다.

**에너지저장장치**(ESS, Energy Storage System)는 저장이 어려운 전기 에너지를 효율적으로 저장·관리하는 시스템입니다. 특히 재생 에너지는 간헐적 발전 특성 때문에 전력 시스템이 불완전할 수 있는데요, ESS를 통해 전력을 저장·공급함으로써 전력 품질을 안정화할 수 있습니다. 또한 발전소, 공장, 가정 등에 ESS를 설치해 정전 피해를 최소화하는 백업 전력으로 사용할 수 있고, 쓰고 남은 전력을 저장했다가 수요가 많은 시간대에 사용함으로써 전력 요금을 절약할 수도 있습니다.

**가상발전소**(VPP, Virtual Power Plant)는 소규모 신재생 에너지 발전설비와 에너지저장장치와 같은 분산형 에너지 자원들을 클라우드 기반 소프트웨어를 이용해 통합하여 분산전원 환경의 가정이나 공장, 공공기관 등의 전력 수요를 관리하는 수요자원(DR)들과 함께 묶어 하나의 발전소처럼 관리하는 시스템입니다. 예를 들면, 신재생 에너지로 발전한 전기를 ESS에 저장하고, 각 ESS를 인터넷으로 연결해 하나의 발전소처럼 관리함으로써 전력의 수요와 공급을 유연하게 조절할 수 있습니다.

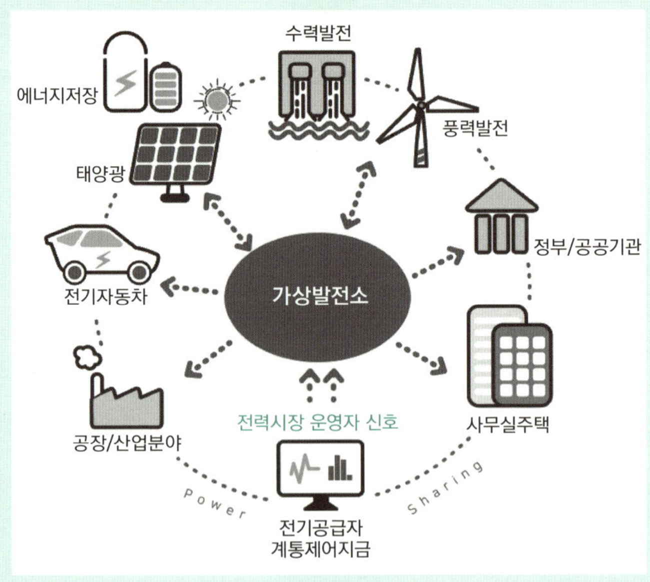

## 스마트 그리드가 분산 에너지의 핵심?

스마트 그리드(smart grid)란 기존의 전력망에 정보통신기술을 적용하여 전력망을 실시간으로 관찰·통제하고, 전력 공급자와 소비자가 양방향 통신을 통해 효율적으로 전기를 생산·소비할 수 있도록 하는 전력 시스템입니다. 전력망을 지능화·고도화함으로써 고품질의 전력 서비스를 제공하고 에너지 이용 효율을 극대화한다는 의미에서 '지능형 전력망'이라고도 불리지요.

현재 우리나라의 전력 시스템은 최대 수요량에 맞추어 예비율을 두고 예상 수요보다 보통 15% 이상 많이 생산하도록 설계되어 있습니다. 그 때문에 화석 연료를 더 많이 소비하고 탄소도 더 많이 배출하게 되지요. 또한 늘어나는 전력 수요를 충당하기 위해 전기를 더 생산하기 위한 각종 발전설비를 추가적으로 건설해야 하며, 사용하지 않고 버려지는 전기량이 많아 에너지 효율도 떨어지기 마련인데요, 이러한 문제점을 해결하기 위해 기후 위기 시대에는 스마트 그리드 전력망을 구축해야 합니다.

스마트 그리드를 구축하려면 에너지 사용·저장·관리 등을 최적화하도록 하는 에너지 관리 시스템(EMS, Energy Management System)과 에너지저장장치(ESS), 스마트 계량기(AMI), 분산 전원, 신재생 에너지, 양방향 정보통신기술, 지능형 송배전 시스템 등 첨단 정보통신기술을 갖추어야 합니다. 이처럼 고도화된 디지털 기술을 이용해 그리드(전력망) 안에 있는 분산 에너지 자원을 관리·예측해 운영함으로써 에너지 효율을 향상시키고, 신재생 에너지에 바탕을 둔 분산 전원을 활성화할 수 있지요. 예를 들어, 전력 수급 상황에 따라 요금을 달리 적용하고 소비자에게 사용량과 요금 정보를 실시간으로 제공함으로써 에너지 절약을 유도할 수 있지요. 또한 자가발전 시설을 갖춘 소비자는 남는 전력을 에너지저장장치에 충전해 두었다가 전력 수요가 급증하는 시간에 판매할 수도 있습니다.

## 전력 산업의 개편은 에너지 전환의 시작

기후 위기 시대에 에너지 전환은 기본적으로 재생 에너지를 중심으로 한 분산 에너지 시스템의 확립을 기반으로 합니다. 물론 에너지 전환의 세부적인 사항들은 각 나라의 에너지 산업 구조에 따라 차이가 있을 텐데요, 여기서는 한국의 경우에 집중해 에너지 전환이 어떻게 이루어져야 할지 이야기해 보겠습니다.

한국의 에너지 전환은 전력 산업의 개편에서 출발해야 한다고 생각합니다. 한국의 전력 산업은 6개의 발전회사와 민간발전회사, 몇 개의 구역전기사업자가 전력을 생산하고, 한국전력공사(KEPCO)가 전력거래소에서 구입한 전력을 송배전망을 통해 소비지로 이송하여 일반 고객에게 판매하는 형태로 운영되고 있습니다. 한국전력공사가 송전과 배전, 판매를 독점하고 있고, 일부 특정 구역에서만 구역전기사업자★가 열병합 발전으로 전기와 열을 자체 선로를 이용하여 판매하고 있습니다.

앞에서 언급했듯이 우리나라는 중앙 집중형 에너지 시스템을 유지하고 있습니다. 전국에 단일 중앙 집중형 전력망이 구축되어 있어 전기를 장거리 이송하게 됩니다. 또한 중앙 집중형 전력망에서는 시장 기능에 의해 전력 수요가 조절되지 않기 때문에 언제든 전력을 제공할 수 있는 공급 능력을 확보하기 위해 대규모 전력 설비에 투자해야 하며, 전력 계통을 안정화하기 위해 추가적으로 높은 전력 예비율을 유지해야 합니다. 왜 높은 전력 예비율이 필요할까요? 전기는 생산과 소비가 동시에 이루어지고 저장이 불가능하기 때문입니다. 그래서 안정적으로 전기를 공급하기 위하여 적정 수준의 예비 설비와 예비 전기를 꼭 확보해야 합니다.

그렇다면 지금과 같이 중앙 집중형 전력망에서 먼 거리로 전기를 보내는 비

---

★ 구역전기사업자란, 대통령령으로 정하는 일정 규모 이하의 발전설비를 갖추고 특정한 공급 구역의 수요에 맞추어 전기를 생산하는 사업자입니다. 즉 전력시장을 통하지 아니하고 특정 공급 구역의 전기 사용자에게 전기를 공급하는 것을 주된 목적으로 하는 사업자를 말하지요.

용과 그로 인해 낭비되는 전기, 대규모 예비 설비와 예비 전력의 낭비를 줄이려면 어떻게 해야 할까요? 또한 중앙 집중형 전력망에서 관리하기 힘든 태양광 발전이나 풍력 발전과 같은 간헐적 재생 에너지를 안정적으로 확대해 나가려면 어떻게 해야 할까요? 결론적으로 두 가지 문제 모두 분산 에너지로 에너지 전환을 이루어야 해결할 수 있다고 말할 수 있습니다.

에너지 전환은 전력산업 구조의 개편에서 출발합니다. 저희가 생각하는 기후 위기 시대 전력산업의 개편 방향은 ① 저탄소 발전 ② 전기 판매시장(도소매) 경쟁체제 도입 ③ 재생 에너지 증가로 인한 분산 전원 확대 ④ 서로 다른 업종 간에 융복합을 통한 에너지 신사업 확산 등입니다. 예를 들어, 한국전력공사가 독점하고 있는 전력 거래(전기를 분배하고 판매하는) 시장을 개방하여 경쟁 시스템을 도입하고, 가상 발전소와 소규모 중개사업자들도 전력을 판매할 수 있는 방향으로 개편하여야 할 것입니다. 즉 전기를 생산하는 발전 회사에서 한전으로, 그리고 한전에서 소비자로 연결되는 일방의 흐름이 아니라 태양광 발전업자 같은 소규모 발전업자, 지역 주민들이 만든 재생 에너지 협동조합 등도 전력 거래에 참여할 수 있어야 합니다. 소규모 발전업자들이 전기의 소비자이면서 생산자인 프로슈머(prosumer)가 되어 전기가 남으면 다른 소비자에게 팔고, 소비자끼리 거래하고, 가상발전소(VPP)와도 전기를 사고팔 수 있는 분산화된 양방향의 전력 판매 시장이 형성되어야 합니다.


## 에너지 전환은 거스를 수 없는 사회적 움직임

기후 위기 시대에 에너지 전환은 국가의 에너지 산업을 운영하거나 정책을 만드는 정부, 전기를 사용하여 물건을 생산하는 기업, 그리고 기업이 만든 물건을 소비하는 개인 등 사회 각 기관과 구성원들이 모두 함께 실천해야 할 과제입니다. 특히 많은 양의 에너지(연료)를 사용해 대량생산을 하는 기업들의 실천이 중요할 텐데요, 에너지 전환을 위해 기업들은 어떠한 노력을 하고 있을까요?

오늘날 기업 경영의 주요 요소로 불리는 'ESG 경영'은 기후 위기 시대에 기업이 실천하는 에너지 전환의 한 부분으로 볼 수 있습니다. ESG란 Environmental(환경), Social(사회), Governance(지배구조)의 첫 글자로 기업의 친환경 경영, 사회적 책임, 투명한 지배구조를 의미합니다. 즉 ESG 경영이란 기업이 지구 환경을 고려한 친환경 경영을 하고, 사회적 책임을 다하며, 투명한 경영을 통해 지속 가능한 발전을 추구하는 경영 활동이라고 할 수 있는데요, 최근 지구 환경의 중요성이 커지면서 ESG 경영은 기업 가치와 투자에 큰 영향을 미치는 요소로 작용하고 있습니다.

ESG 경영의 구체적 실천 활동으로 RE100을 이야기할 수 있습니다. '재생 에너지 전기(RE, Renewable Electricity) 100%'를 의미하는 RE100은 기업이 사용하는 전력의 100%를 재생 에너지로 충당하겠다고 자발적으로 약속하는 글로벌 캠페인인데요, 2014년 영국 런던에 위치한 국제 비영리 기구 클라이미트 그룹(Climate Group)이 파리협약의 성공을 이끌어 내기 위해 진행한 지지 캠페인에서 시작되었다고 합니다. RE100에 참여하는 기업은 2050년까지 사용 에너지의 100%를 친환경 재생 에너지로 전환하는 것을 목표로 해야 합니다. 연도별 목표는 기업이 자율적으로 수립하지만, 2030년까지 기업이 필요로 하는 총 에너지의 60%, 2040년까지 90% 이상의 실적 달성을 권고하고 있습니다. 참여 기업들이 RE100을 잘 이행하고 있는지에 대해서는 제3의 기관을 통해 재생 에너지 사용 실적을 검증하며, CDP(Carbon Disclosure Project)★ 위원회의 연례보고서를 통해 이행 실적을 공개한다고 합니다.

RE100 참여 대상은 연간 전력 소비량으로 100GWh 이상을 소비하는 대기

---

★ CDP는 전 세계 91개국에서 수행되고 있는 글로벌 기후 변화 프로젝트로, 전 세계 7,000개가 넘는 기업이 CDP를 통해 온실가스 배출량을 공유하며 기후 변화로 인한 위기와 기회, 탄소경영전략을 공개하고 있습니다.

업입니다. 처음 시작할 때는 이케아를 비롯한 13개 기업이 참여하였는데, 이후 애플, 구글 등이 가입하며 회원사가 꾸준히 증가하였고 2023년 기준 총 400여 개에 이르는 기업이 회원으로 가입되어 있습니다. 메타, 마이크로소프트, 제너 럴모터스, 샤넬, 존슨앤존슨, 나이키, 스타벅스, 버버리 등 우리가 일상생활에 서 먹고 마시고, 입고, 사용하는 여러 제품들을 만드는 유명한 글로벌 기업들이 참여하고 있지요. 애플, 구글, 엡손 등은 이미 기업이 사용하는 전력량의 100% 를 재생 에너지로 조달하는 RE100을 달성하였다고 합니다. 애플은 특히 기후 변화 문제에 매우 적극적으로 대응하고 있습니다. 애플의 데이터 센터, 사무실, 매장 등 전 세계에서 기업 운영에 사용하는 모든 에너지를 태양광, 풍력, 지열, 소규모 수력 발전 등 100% 재생 에너지로 가동하고 있습니다. 애플이 자사 설 비를 위해 공급하는 재생 에너지의 80% 이상은 애플이 자체 진행하는 전력 생 산 프로젝트를 통해 발전되는데요, 이를 위해 애플은 미국 내 여러 지역뿐 아니 라 중국, 일본, 싱가포르, 덴마크 등 세계 곳곳에 재생 에너지 생산 시설을 건설 하고 있습니다.

한국에서는 2020년 SK그룹의 6개 자회사를 시작으로 아모레퍼시픽, 현대 자동차, KT, 네이버, LG에너지솔루션, 한국수자원공사 등이 RE100에 가입하 여 2023년 기준 20여 개 기업이 참여하고 있습니다. 우리나라의 대표 기업인 삼 성전자의 경우 초기에는 해외 사업장은 모두 참여하고 한국의 사업장만 참여하 지 않다가 2022년 9월에야 RE100 참여를 선언했습니다. 뒤늦게 참여를 선언 한 관계로 아직까지 RE100 계획에 대한 실천이 부진한 편이지요. 그러나 이제 외국의 글로벌 기업들이 국내 대기업, 자사의 파트너 기업들에 재생 에너지 사 용 확대를 요구하는 사례가 증가하고 있습니다. RE100에 가입한 글로벌 기업의 부품이나 서비스의 협력사가 되기 위해서는 재생 에너지를 이용하는 기업임을 증명해야 하는 사례가 증가하고 있지요.

실제로 애플은 기업 운영 영역에서의 탄소 중립달성을 넘어 애플 제품에 들

미국 캘리포니아 주 쿠퍼티노(Cupertino)에 위치한 애플의 본사 '애플 파크'의 모습입니다. 우주선 형태로
시선을 끄는 이곳은 100% 신재생 에너지로 운영되는 친환경 건축물이에요. 옥상의 태양 전지판에서는
17MW의 전력이 생산되고, 전기가 많이 필요한 시간대에는 건물 주변에 설치된 바이오 연료 저탄소
발전소에서 전력을 공급받을 수도 있다고 해요. 건물 외관을 총 3,000여 장의 강화유리로 감싼 덕분에 조명
없이도 밝은 공간을 유지할 수 있고, 최첨단 자연 환기 기술을 도입해 에어컨이나 히터를 켜지 않고도 1년 중
절반 이상의 기간을 쾌적하게 지낼 수 있다고 합니다.

어가는 재료(광물)의 채굴 단계부터 제조와 배송까지 모든 공정에서 사용하는 에너지를 재생 에너지로 바꾸는 RE100 작업을 2030년까지 달성하겠다는 계획을 발표했습니다. 이에 협력사인 대만의 TSMC, 한국의 삼성전자와 LG화학 등에도 동참을 요구하고 있는데요, 기업 활동 전반에서 탄소 중립화를 달성하겠다는 계획을 발표하는 자리에서 애플의 CEO인 팀 쿡(Tim Cook)은 이렇게 말했다고 합니다. "자사의 환경을 위한 노력을 뒷받침하는 혁신들은 지구에 이로울 뿐만 아니라, 제품의 에너지 효율을 높이고 전 세계에서 새로운 청정에너지원을 개발하는 원동력이 되고 있다. ……탄소 중립화를 위한 노력을 통해 애플은 작은 파문이 연못을 가득 채우듯 더 큰 변화를 이끌어 내는 첫 발걸음이 되고자 한다."

이러한 흐름으로 볼 때 이제 RE100은 미래 기업들이 필수적으로 갖추어야 할 요건이라고 볼 수 있습니다. 기후 변화에 어떻게 대응하느냐에 따라 혁신을 이루며 성장의 길로 나아갈지, 아니면 변화에 적응하지 못해 쇠망의 길을 걸어갈지 기업의 미래가 결정될 수 있습니다. 그런데 우리나라와 같이 아직 재생 에너지 발전 여건이 열악하고 제도적 지원이 부족한 국가에서는 민간 기업의 의지만으로 RE100과 같은 에너지 전환을 실천하기 어려운 면이 있습니다. 따라서 국가적, 사회적 차원에서 에너지 전환의 필요성을 공감하고 기업이 이를 실천할 수 있도록 지원해야 합니다. 아울러 시민들은 ESG 경영, RE100 참여 등에 열심인 기업에 투자하거나 해당 기업의 제품을 소비함으로써 보다 많은 기업들이 친환경 경영에 동참하도록 이끌어야 합니다.

# 신재생 에너지는 비싸서 경제성이 없다?

전 세계적으로 신재생 에너지 중심의 에너지 전환이 빠르게 진행되고 있습니다. 그러나 한국은 재생 에너지 발전 비율이 다른 나라에 비해 매우 낮은 편입니다. 2021년 OECD 국가의 재생 에너지 비중을 나타낸 자료를 보면, OECD 평균은 31.3%이며 중국은 28.8%, 미국은 21.1%, 일본은 21.7%인 데 반해 한국 4.7%에 머물고 있지요. 일부 사람들은 한국은 자연적 조건이 재생 에너지에 적합하지 않고, 신재생 에너지 가격이 너무 높다는 점 등을 들며 신재생 에너지가 아니라 원자력 중심의 에너지 전환이 중심이 되어야 한다고 주장하는데요, 과연 그럴까요? 신재생 에너지 발전이 확대되면 현재 걸림돌로 꼽히는 가격 문제는 자연히 해결되지 않을까요?

중앙 집중형 전력관리 시스템을 유지하고 있는 우리나라에서는 한국전력공사가 전력도매시장에서 발전 사업자들로부터 전력을 산 후, 소매시장에서 최종 소비자들에게 판매하고 있습니다. 현재 신재생 에너지에서 생산된 전력의 경우 한전이 발전 단가에 상관없이 도매시장에서 우선 구매하고 있는데요, 이는 신재생 에너지의 발전 단가가 원자력이나 화력 발전의 연료에 비해 상대적으로 높기 때문이지만 한시적으로 시행할 수밖에 없는 제도이지요. 한국전력거래소의 발전 단가 자료를 보면, 2021년 기준 1kWh에 태양광은 93.4원, 풍력은 99.3원, 원자력은 56.1원이며, 연료 비용이 높은 편인 LNG를 포함하더라도 원자력, 석탄 및 LNG의 평균 발전단가는 1kWh에 94.4원이라고 합니다. 이 통계만 보면 신재생 에너지의 경제성을 문제 삼는 이들의 주장이 맞아 보이는데요, 그러나 국제재생에너지기구(IRENA, International Renewable Energy Agency)의 자료에 따르면, 2021년 기준 태양광 발전의 평균 발전 단가는 1kWh에 60원, 육지 풍력 발전은 43원, 화력 발전은 87원입니다. 그리고 우리나라의 태양열, 풍력 발전 단가는 과거에 비해 계속 낮아지고 있지요.

한편 OECD 대부분 국가에서는 원자력 발전 단가가 석탄이나 가스 발전보다 높고 태

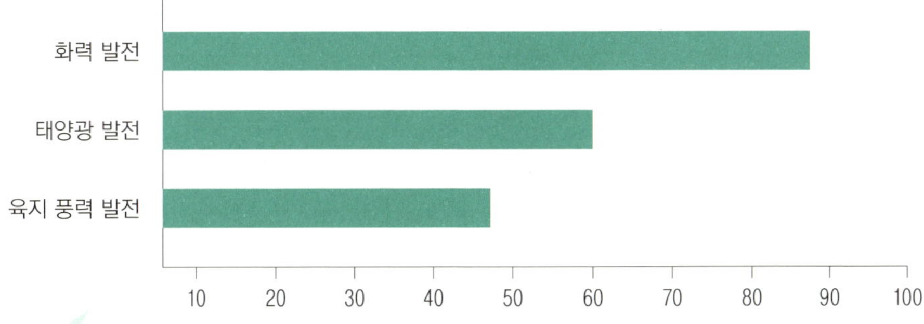


IRENA에서 발표한 세계 개별 에너지 평균 발전 단가를 표시한 그래프입니다. 우리나라와 달리 재생 에너지의 발전 단가가 화석 연료 기반의 화력 발전 에너지 발전 단가보다 낮게 나타납니다.

양광이나 풍력 발전보다도 높은 반면, 우리나라의 원자력 발전 단가는 그보다 훨씬 낮은 데는 이유가 있습니다. 그 이유는 바로 우리나라의 원자력 발전 단가에는 사고발생위험비용, 원전을 다 사용한 후 폐기 시에 발생하는 원전해체비용과 환경복구비용, 그리고 사용후핵연료 처분비용이 아주 낮게 반영되어 있기 때문입니다. 일례로 우리나라의 한국수력원자력(한수원)은 사고발생위험비용에 해당하는 원자력손해배상책임보험과 원자력손해배상보상계약으로 각각 부지당 500억 원씩의 보험비용만 계산하고 있는데, 이는 일본의 35분의 1, 미국의 8분의 1 수준에 불과합니다. 아울러 일본 후쿠시마 원전 사고의 피해복구비용이 최소 81조 원에서 121조 원에 이르는 점을 감안하면, 부지당 500억 원의 비용은 터무니없이 낮은 금액인 셈이지요. 또한 한수원은 원전 1기당 해체비용으로 4,000억 원을 반영하였는데 IEA나 유럽 국가에서는 해당 비용으로 1조 원 이상을 반영하고 있습니다.

또 한 가지 중요한 사실은 우리나라는 사용후핵연료 임시 저장시설이 포화 상태에 도달해 중간저장 및 영구처분 시설 확보가 시급한 상황입니다. 2012년 일본 원자력위원회는 사용후핵연료를 지하에 영구적으로 격리처분하는 비용으로 최소 185조 원을 산정했는데, 이 기준을 우리나라의 26기 원전에 적용해 비용을 산정해 보면 81조 원 정도가 추정됩니다. 그런데 우리나라는 산업통상자원부 자료에 따르면 사용후핵연료 처분에 소요되는 비용을 23조 원으로 추정하고 있습니다[현대경제연구원 (2012), 〈원전의 드러나지 않는 비용〉 참조].

이처럼 원자력 발전은 지금 당장의 비용은 아니더라도 사용 후에 원전 해체나 핵연료 처리에 엄청난 비용이 필요하며, 방사능 누출이나 폭발 사고 발생 시에 막대한 피해와 비용이 발생하게 됩니다. 따라서 단순히 발전 단가를 비교해 원자력 발전이 재생 에너지를 비롯한 다른 에너지 자원보다 경제성이 있다고 단정하기 어려운 측면이 있지요.

전문가들은 우리나라에서 신재생 에너지 발전이 확대되려면 전력 시장에서 경쟁력을 지닐 수 있는 '그리드 패리티(grid parity)'를 달성해야 한다고 말합니다. 그리드 패리티는 신재생 에너지의 발전 단가가 전통적인 화석 연료 기반의 발전 단가와 같아지는 시점, 즉 비용 부담이 높아 비경제적이던 신재생 에너지 발전이 경제성을 지니게 되는 시점을 말합니다. 균등화발전원가(LCOE, Levelized Cost of Electricity)라는 개념을 알면 그리드 패리티를 보다 명확히 이해할 수 있는데요, LCOE는 발전소에서 생산하는 전력당(1kWh) 소모되는 비용, 즉 발전설비를 운영하는 기간에 발생하는 모든 비용(투자비, 연료비, 운영비 등)을 집계한 것입니다. 따라서 그리드 패리티는 화석연료 에너지 발전과 신재생 에너지 발전의 LCOE가 동일해지는 시점이라고도 볼 수 있지요.

신재생 에너지의 중요성에 일찍부터 눈뜬 나라들은 정부의 적극적 지원과 함께 재생 에너지 기술이 발전하고 산업이 성장하면서 그리드 패리티를 달성하고 있습니다. 그리드

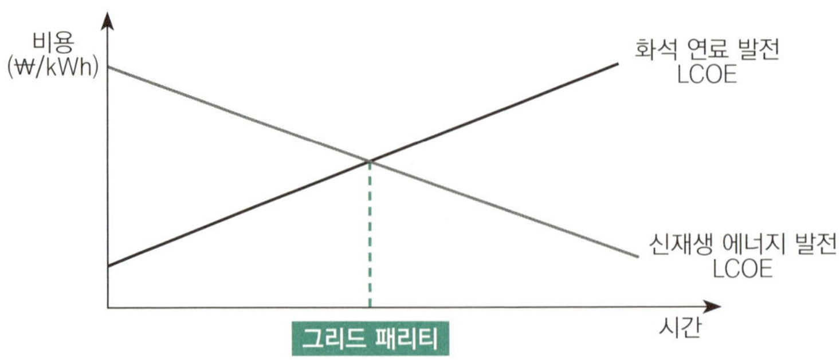

패리티의 달성은 정부 정책, 신재생 에너지 자원과 부품비나 설치비, 전기요금 등 다양한 요인에 의해 결정되는데요, 독일과 일본은 재생 에너지 보조금, 지원정책, 높은 전기요금 등의 영향으로 태양광 에너지 그리드 패리티를 달성하였지요. 우리나라 역시 신재생 에너지 기술이 더욱 발전하여 관련 제품의 대량 생산과 보급이 이루어지고 다양한 지역에서 신재생 에너지 발전이 활성화된다면, 화석 연료의 LCOE와 신재생 에너지의 LCOE 격차가 줄어들고 그리드 패리티를 달성할 수 있을 텐데요, 그러기 위해서는 정부가 기업들이 기술 개발에 힘쓰고 투자를 확대할 수 있도록 신재생 에너지 확대를 가로막는 규제를 개혁하고, 일관성 있는 정책 아래 제도적 지원을 해야 합니다. 또한 지자체와 발전사는 지역 주민들에게 신재생 에너지 발전의 필요성과 장점을 알리고 지역 주민들이 적극적으로 참여할 수 있는 이익공유 모델 등을 제시해야 하지요.

part

# 3

# 지구를 건강하게 만드는 사람들

#  세계는 지금 에너지 전환 중

지금까지 기후 위기 시대의 대응책으로서 탄소 배출을 줄이고 지구의 건강을 되살릴 수 있는 '에너지 전환'에 대해 이야기 나누어 보았습니다. 어떤가요? 앞에서 다룬 내용들이 잘 이해되고, 나와 우리의 문제로 받아들여지나요? 재생에너지 확대, 원자력 발전의 안전성 강화, 에너지 전환과 개편, RE100 참여와 ESG 경영, 모두 나와는 상관없는 너무 거창한 이야기 같은가요? 음, 그렇게 생각할 수 있긴 하지만, 사실 그렇지 않습니다. 곰곰이 생각해 보면 결국 저희와 여러분이 살아가는 우리 사회, 지구촌의 문제이니까요.

아직 여러분이 사회의 문제를 해결하는 데 직접적으로 참여해 권리를 행사하거나 어떠한 결정을 내릴 수는 없겠지만, 사실 우리가 속한 사회의 문제와 변화 등은 개개인의 삶에 반드시 영향을 미치기 마련입니다. 그 때문에 우리는 사회의 구성원, 즉 시민으로서 내가 사는 사회의 문제에 관심을 가져야 하며, 필요한 경우 적극적으로 자신의 의견을 표현하기도 해야 하지요. 그러니 여러분들도 지금 우리 사회의 매우 주요한 문제인 '기후 위기'와 '에너지 전환'이 나의 삶과 연관되어 있음을 인식하고 관심을 가져야 하겠지요?

이번 장에서는 우리보다 먼저 에너지 전환의 중요성을 인식하고 실천하고 있는 곳들의 사례를 살펴보고자 합니다. 전 지구적으로 보면 기후 위기의 심각성을 인식하고 대응하는 데 우리 인류가 너무 더디고 부족한 부분이 많지만, 주위를 잘 살펴보면 일찌감치 문제의 심각성을 깨닫고 변화를 꾀하고 있는 나라와 시민들도 많은데요, 에너지 전환을 통해 에너지 자립과 탄소 중립의 길을 걷고 있는 곳들의 사례를 살펴보고 우리가 나아갈 길을 함께 생각해 보면 좋겠습니다.

## 세계의 친환경 에너지 도시

오늘날 많은 사람들이 도시를 오가며 일을 하고 다양한 소비 생활을 하며 살아
갑니다. 수많은 건물이 밀집해 있고 수많은 차량이 오가는 도시는 배기가스와
소음, 쓰레기 등 각종 환경공해 물질이 매일 발생하는 곳이자 많은 에너지를 소
비하는 곳입니다. 단적으로 말하면, 기후 변화를 불러일으키는 이산화탄소를 계
속해서 내뿜는 공장과 같은 곳이지요. 지구 전체로 볼 때 도시의 면적은 2% 정
도에 불과하지만, 도시가 사용하는 에너지 사용량은 약 75%, 온실가스 배출량
은 약 80%에 이를 정도로 큰데요, 이러한 이유로 기후 위기 시대에는 지구 환경
을 최대한 오염시키지 않으면서 사람과 자연, 환경이 공생할 수 있는 친환경 도
시의 중요성이 점점 높아지고 있습니다.

친환경 도시로 거듭나기 위해 기존의 도시들은 어떠한 일들을 해야 할까요?
바로 우리가 앞에서 이야기 나눈 에너지 전환을 실천해야 할 것입니다. 에너지를
절약하고 효율을 높일 수 있는 분산 에너지 시스템 구축, 신재생 에너지로의 전환,
친환경 교통체계 구축과 같은 실천이 필요할 텐데요, 이러한 실천을 통해 자연과
공생하는 지속 가능한 내일을 열어 가고 있는 나라와 도시들을 이제 만나 볼까요?

### 땅속열로 이룬 친환경 도시, 아이슬란드 레이캬비크

아이슬란드는 화산 활동으로 만들어진 섬나라로 국토의 약 79%가 빙하와 호
수, 용암 지대로 구성되어 있습니다. 화산과 간헐천이 많아 아이슬란드 곳곳에
서 뜨거운 물과 증기가 솟아오르는 특별한 광경을 볼 수 있지요. 어찌 보면 삶을

일구고 살아가기에 좋지 않은 환경이라 할 수 있는데요, 그러나 아이슬란드 정부와 기업, 시민들은 이러한 자연환경을 잘 활용하여 신재생 에너지 선진국으로 발돋움하게 되었습니다.

아이슬란드는 화석 연료에 대한 의존에서 벗어나 에너지 자립을 이루기 위해 일찌감치 재생 에너지 연구 개발에 힘썼습니다. 그 결과 현재 땅속의 지열과 빙하천에 설치한 수력 발전을 이용해 전력 100%를 재생 에너지로 공급하고 있습니다. 아이슬란드의 인구는 35만 명 정도로 적은 편이지만 1인당 전력 소비량은 세계 1위입니다. 풍부한 자연 자원인 땅속열, 즉 지열 에너지 덕분에 추운 날씨에도 전기료 걱정 없이 따뜻하게 지낼 수 있지요. 지열 발전은 땅에서 올라오는 뜨거운 증기를 그대로 이용하는 것으로 다른 발전 방식에 비해 설비가 복잡하지 않으며, 발전 비용이 화력 발전의 절반 정도로 저렴합니다. 태양광이나 풍력 발전에 비해 날씨의 영향도 덜 받아 안정적으로 전기를 생산할 수 있지요.

아이슬란드의 수도 레이캬비크(Reykjavik)는 친환경 도시로 유명합니다. 지열 발전소와 지역난방 시스템을 연결해 모든 난방과 온수를 지열 에너지로 충당하고 있지요. 난방 후 남는 에너지로는 물을 데워 추운 겨울에도 야외 수영장을 운영해 많은 관광객들의 발길을 모으고 있습니다. 지열 에너지는 재생 에너지이지만 발전소의 터빈을 돌릴 수 있는 증기에 소량의 이산화탄소가 포함되기 마련인데요, 레이캬비크에 전기와 열을 공급하는 헬리셰이디(Hellisheidi) 지열 발전소는 이산화탄소를 증기 상태에서 포집한 후 다공성 현무암에 주입해 영구적으로 가두는 정화 기술을 사용해 완전한 청정에너지를 공급하고 있습니다.

아이슬란드는 또한 수소를 기후 변화에 대응할 수 있는 주요 에너지원으로 보고 수소 경제 프로젝트를 국책 사업으로 정해 추진하고 있습니다. 레이캬비크를 비롯한 여러 도시에서 수소 버스가 운영되고 있는데요, 여기에 쓰이는 수소도 지열을 이용한 전기로 물을 분해해 얻는 그린 수소로 이산화탄소를 발생시키지 않습니다.

레이캬비크 시민들은 도시 환경을 더욱 친환경적이고 살기 좋게 만들기 위한 활동에 적극적으로 참여한다고 합니다. '더 나은 레이캬비크'라는 온라인 포럼에서는 도시의 공공 서비스 운영에 대해 시민들이 자유롭게 의견을 나누고, 많은 시민의 지지를 받은 아이디어는 관련 기관으로 전달되어 반영되기도 한다고 하는데요, 이러한 시민들의 능동적 활동이 오늘날 세계가 본받는 친환경 도시를 일군 원동력이겠지요?


## 태양의 도시, 독일 프라이부르크

독일은 재생 에너지 이용을 확대하기 위한 법과 규정을 만들고, 에너지 절감과 효율 향상을 위한 제도를 운영하는 데 매우 적극적인 나라입니다. 1970년대 석유 파동★과 1980년대 체르노빌 원전사고 등을 지켜보며 신재생 에너지 개발과 원자력 발전소 폐지에 대한 논의를 사회적으로 꾸준히 진행해 오고 있습니

---

★ 제1차 석유 파동은 1973년 10월 아랍 석유 수출국 기구(OAPEC) 회원국들이 중동전쟁에서 이스라엘을 지원한 국가들을 대상으로 석유 판매 중단을 선언하면서 시작되었습니다. 당시 원유 가격이 4배 이상 상승하면서 미국을 비롯한 주요 산업국의 경제 성장률이 급락하고 불황 속에서 물가가 상승하는 스태그플레이션 현상이 나타났습니다. 이후 1978년 12월에는 이슬람 혁명을 일으킨 이란이 석유 수출 중단을 선언하면서 제2차 석유 파동이 발생하였는데요, 두 차례에 걸친 석유 공급 부족과 가격 폭등으로 세계 경제는 큰 혼란과 어려움을 겪었습니다.

다. 2000년에 재생에너지 법을 제정하고 신재생 에너지 확산을 추진하기 시작했으며 원자력 발전소 폐지를 결정하였습니다. 2011년에는 원전 폐쇄와 신재생 에너지 확대를 핵심 목표로 하는 에너지 전환 정책을 발표하였는데요, 이후 신재생 에너지 공급 확대와 전기요금 인상에 따라 가계와 기업의 부담이 증가하자 신재생 에너지 보급의 경제성을 확보하기 위해 2014년 재생 에너지 정책 부서를 환경부에서 경제에너지부로 이관하고, 재생에너지법을 대폭 개정하였습니다.

독일은 또한 친환경 에너지에 특화된 스마트 도시를 구축하기 위하여 정부와 각 지방 정부가 함께 노력하고 있습니다. 2013년 '국가 미래도시 플랫폼(NPZ)'이라는 기구를 세우고 도시의 에너지 효율성과 지속 가능성을 강화하고자 스마트 도시 연구와 구축에 힘쓰고 있는데요, 독일의 '환경 수도'라고 불리는 프라이부르크(Freiburg)는 이러한 논의가 있기 전부터 시민들의 자발적 참여로 친환경 도시를 일구어 온 곳으로 에너지 절약형 주택, 차 없는 거리, 유아기부터 실시하는 친환경 교육 등을 통해 오늘날 세계 각국에 모범 사례가 되고 있습니다. 우리나라의 세종시도 프라이부르크를 모범 삼아 제로 에너지 도시를 구축하고 있지요.

프라이부르크에서는 1970년 원자력 발전소 건설 이슈가 불거지면서 시민들 사이에 환경에 대한 논의가 활발해지고 생활방식의 변화와 함께 에너지 전환 운동이 발전하게 되었습니다. 1979년 태양광 패널을 설치하기 시작했고 1986년에는 독일 대도시 중 최초로 환경 보호 부서를 설치하여 친환경 정책을 펼치기 시작했는데요, 프라이부르크 에너지 정책의 주요 사항으로는 에너지 절약과 효율화, 재생 가능 에너지 자원 사용, 자원 순환, 녹색 교통을 꼽을 수 있습니다.

프라이부르크는 긴 일조시간과 높은 일조량으로 독일에서 가장 햇볕이 많은 도시 중 한 곳입니다. 이에 태양 에너지 개발을 다양화하고 태양 에너지 산업과 연구를 장려하고 있습니다. 시의 모든 개발 계획과 건축 설계 단계에서 환경 보호와 에너지 효율성, 태양 에너지 활용 등을 고려해야 하는 '저에너지 건축'을 의무화하고 있는데요, 에너지 표준규격(한 건물이 최대한 소비할 수 있는 에너지 한계 수치 m²당 연간소비량)을 법으로 정해 건물 신축 시 지키게 하며, 벽체와 단열재, 창의 기준 등을 정해 에너지 비용은 물론 이산화탄소 배출을 줄이고 있습니다. 아울러 시민들이 부담 없이 태양 전지판을 설치할 수 있도록 전문 업체의 컨설팅, 기기 보조금 등을 지원하고 있지요.

프라이부르크는 또한 태양 에너지 이외에 풍력, 바이오 매스, 소수력 등 재생 에너지 개발에도 힘쓰고 있습니다. 시의 자원 재활용률은 70-80%에 달할 정도로 높은데요, 재활용되지 않는 쓰레기들도 모두 소각해 바이오 가스 생산 등에 활용한다고 합니다.

프라이부르크 중앙역 앞에는 자전거가 빼곡히 들어차 있는 자전거 주차 건물 모빌레(Mobile)가 있어요. 자동차가 아니라 자전거 주차 건물이라니 새롭지 않나요?

프라이부르크는 온실가스 배출량을 줄이는 녹색 교통을 실현하기 위해 도심부 차량 속도 제한, 대중교통 요금 인하와 정기권 발행, 친환경 차량 이용 장려, 자전거 도로망 확보 등을 지속적으로 실행해 왔습니다. 프라이부르크 전체에 500km에 달하는 자전거 도로를 만들고 4,600개가 넘는 자전거 보관소와 주차장을 마련했습니다. 또 노면전차(트램) 노선과 주거 지역을 가깝게 연결하고, 전차와 시내·시외 버스, 자전거 이용자들이 편리하게 환승할 수 있도록 했는데요, 그 결과 대중교통 이용자 수가 크게 늘고 주민의 절반 이상이 전차 역에서 가까운 거리에 거주하게 되는 등 긍정적 변화가 일어났다고 합니다.

이러한 프라이부르크의 친환경 정책은 긴 시간 변화를 거듭하며 나날이 발전해 왔습니다. 그 결과 시민들은 쾌적한 환경에서 건강한 삶을 누리고, 시의 경제적 가치는 높아지는 긍정적 변화들이 일어나고 있는데요, 프라이부르크에는 태양 에너지를 중심으로 재생 에너지 기술 관련 기업과 연구소가 많이 자리하고 있으며 많은 시민들이 환경 관련 일을 하고 있습니다.

## 세계 최초 탄소 중립을 향해 가는 도시, 덴마크 코펜하겐

덴마크는 1970년대 초반까지만 해도 우리나라와 같이 에너지의 90% 이상을 수입에 의존하는 에너지 수입 의존도가 높은 국가였습니다. 그러나 정부와 기업, 국민이 에너지 전환의 필요성에 공감하고 동참해 오늘날 대표적인 녹색 성장 국가로 거듭나게 되었지요. 1970년대 석유 파동을 겪은 후 덴마크는 '저탄소 프로젝트'를 꾸준히 추진해 왔습니다. 신재생 에너지를 지속적으로 확대하고 에너지 소비 절감 정책을 적극적으로 펼쳐 오늘날 에너지 자립 국가로 성장하게 되었는데요, 덴마크 정부는 여기서 한발 더 나아가 수도 코펜하겐을 2025년까지 세계 최초의 탄소 중립 도시로 만들고, 오는 2050년까지 화석 연료를 사용하지 않는 저탄소 사회를 건설하겠다는 포부를 밝혔습니다.

　코펜하겐이 탄소 중립 도시를 구현하기 위해 혁신을 추진하고 있는 주요 분야는 에너지 생산과 소비, 교통, 도시 행정입니다. 먼저, 에너지 분야에서는 화석 연료를 재생 에너지로 완전히 대체하기로 결정하고 개발에 힘쓰고 있는데요, 특히 대서양에서 강력한 편서풍이 불어오는 지리적 이점을 살려 풍력 발전 분야에 집중하고 있습니다. 2022년 기준 덴마크 전체 전력 생산량 중 재생 에너지의 생산 비율은 81.4%이며 이 중 풍력 발전 비율은 53.6%라고 합니다(자료: 덴마크 에너지청).

　2000년 코펜하겐 앞바다에 설립된 세계 최대의 해상 풍력 단지인 미들그룬덴(Middelgrunden)은 덴마크 풍력 발전의 위용을 잘 보여 줍니다. 미들그룬덴 해상 풍력 단지가 더욱 특별한 것은 시민들이 협의체를 구성해 조성 계획을 추진하고 다양한 논의를 거치며 개발 과정이 투명하게 진행되었다는 점입니다. 개발 초기 지역 주민과 환경·에너지 기관의 전문가 등은 협동조합을 결성하고 지역 주민에게 주식 우선매입권을 부여하는 조건으로 자금을 모았는데요, 당시 8,500명에 이르는 많은 시민들이 참여했고 현재 그들은 미들그룬덴에서 생산되는 전기 판매량에 대한 수익을 매년 얻고 있습니다. 덴마크 정부는 이처럼 자발적인 시민들의 에너지 자립 운동을 적극적으로 지원하고 있는데요, 미들그룬덴에서 생산된 전력은 신재생 에너지에 부여되는 가중치를 더해 시장가격보다 높은 금액을 보장받고 부분적으로 세금 면제 혜택도 받는다고 합니다.

　코펜하겐 시는 도시에서 배출되는 쓰레기와 폐기물을 연료로 사용하는 바이오매스 에너지 개발에도 열심입니다. 2017년 가동을 시작한 코펜힐(copen hill)은 쓰레기 소각장 겸 열병합 발전소로, 쓰레기와 폐기물을 소각하여 연간 약 15만 가구에 공급할 수 있는 전기와 지역난방 에너지를 생산하고 있습니다. 첨단 기술을 도입해 폐기물을 소각할 때 발생되는 바이오 가스를 난방열로 전환하고 있는데요, 소각 과정에서 나오는 공기는 정화해 배출하고 소각 후 남은 재도 버리지 않고 도로 공사 등에 사용한다고 합니다.

도심 한가운데 솟은 빌딩에서 스키와 다양한 여가 활동을 즐길 수 있다니, 게다가 그곳이 쓰레기를 태워 에너지를 만드는 발전소라니 놀랍지요? 환경 도시 코펜하겐을 상징하는 명소로 자리 잡은 코펜힐은 '도심에서 분산 에너지 시스템을 어떻게 구현할 수 있는지'를 잘 보여 주는 지표가 되고 있습니다.

코펜힐은 자칫 혐오시설이 될 수 있는 쓰레기 소각장을 시민들이 즐겨 찾는 공간으로 변화시켰다는 점에서 혁신적 사례로 꼽힙니다. 높은 언덕처럼 솟아 경사면으로 이루어진 이 발전소 건물의 옥상에는 다양한 레포츠 공간과 산책로가 조성되어 있어 시민들은 스키를 타고, 하이킹, 암벽 등반 등을 즐길 수 있습니다. 카페에 앉아 탁 트인 전망을 바라보며 휴식을 취할 수도 있지요. 아울러 시민들은 이곳을 이용하면서 자원 재활용과 에너지 전환의 중요성을 자연스레 인식할 수 있습니다.

코펜하겐은 시민의 절반 이상이 자전거로 출퇴근을 할 정도로 자전거가 일상화된 '자전거 도시'로도 유명합니다. 덴마크 정부는 친환경 교통수단을 확대하고자 2012년부터 교외와 도심을 연결하는 자전거 고속도로를 구축하고 자전거 이용 환경을 개선하였는데요, 이에 운하를 횡단하는 십여 개의 자전거 교량을 포함하여 1,000km에 달하는 자전거 전용도로가 만들어지고 도시 어디든 자전거로 쉽고 빠르게 이동할 수 있는 환경이 구축되었습니다. 한편, 자동차를 운행하면 상대적으로 높은 세금과 비싼 주차비를 지불해야 하고, 내연기관 자동차를 구매하면 높은 등록세를 내는 등 자동차 수요를 억제시키는 정책과 함께 친환경 대중교통을 확대하는 정책을 펼쳤는데요, 그 결과 오늘날 코펜하겐의 자전거 수는 자동차 수보다 5배 정도 많고 자동차 판매량의 절반 이상이 친환경 자동차라고 합니다.

## 한국의 도심 속 에너지 자립 마을

10여 년, 20여 년 전부터 에너지 전환을 준비하고 실행해 온 나라와 도시, 그곳의 시민들의 모습에서 배울 점이 참 많은 것 같습니다. 안타깝게도 한국의 기후 위기 대응 수준은 매우 낮은 편입니다. 국제 기후 및 환경 연구단체가 연합해 전 세계 온실가스 배출량의 90%를 차지하는 나라들을 대상으로 기후 위기 대응 수준을 평가하는 '기후변화대응지수(CCPI, Climate Change Performance Index)' 순위에서 한국은 매년 하위권에 머물고 있습니다. 온실가스 배출량, 재생 에너지 비중, 에너지 소비, 기후 정책 네 가지 부문을 각각 평가하고 합산해 CCPI를 산출하는데요, 2023년 말 발표된 순위에서는 산유국인 세 나라(사우디아라비아, 이란, 아랍에미리트 연합국)의 바로 위 단계에 위치해 사실상 꼴찌를 차지했습니다.

앞 장에서도 이야기했듯이, 우리나라는 전기를 생산하고 열을 만드는 에너지 전환 부문의 온실가스 배출량이 매우 높은 편입니다. 아직도 석탄 발전의 비중이 가장 크지요. 따라서 기후 변화 대응에 적극적인 아이슬란드, 덴마크 등과 같이 국가 차원에서 화석 연료를 퇴출하고 신재생 에너지를 확대해 나가는 에너지 전환 정책을 세우되, 각 도시와 마을의 기업과 시민들이 적극적으로 참여해 함께 완성해 나가야 합니다.

우리나라는 도시의 에너지 자립도가 매우 낮은 편입니다. 서울이 3% 정도이고 다른 곳들도 비슷한 수준이지요. 그러나 이러한 상황 속에서도 남들보다 먼저 에너지 전환의 중요성을 깨닫고 한 걸음 한 걸음 실천해 가는 사람들이 있는데요, 서울시 에너지 자립 마을의 시민들이 바로 그 주인공입니다. 서울시는 2012년부터 '에너지 자립 마을' 사업을 시작해 운영하고 있습니다. '에너지 자립 마을'이란 주민들 스스로 에너지를 절약하고 효율을 높일 수 있는 활동 등을 고안해 실천함으로써 에너지 자립을 이루어 가는 공동체를 말하는데요, 해당 사업에 선정되면 3년간 서울시의 지원을 받으며 다양한 에너지 자립 활동을 펼칠 수 있습니다. 그동안 에너지 절약 문화 확산, 전기료 절감, 재생 에너지 생산 등 소중한 결실들이 이 사업을 통해 맺어졌는데요, 그들의 가치 있는 발걸음을 함께 살펴볼까요?

## 에너지 자립 마을의 선두 주자, 성대골

서울특별시 동작구 상도 3동과 4동 일대를 '성대골(행정지명)'이라고 합니다. 이 지역의 주민들은 2010년 무렵부터 어린이 도서관을 자체 운영하면서 활발히 교류하고 있었는데요, 2011년 후쿠시마 원전 사고를 계기로 에너지 절약 운동을 시작하게 되었다고 합니다. 주민들은 먼저 환경 단체의 도움을 받아 워크숍과 강좌 형태의 '우리 동네 녹색아카데미'를 열어 에너지 전환에 대해 학습하고 실천 방향을 함께 논의하였는데요, 이러한 공동 학습은 지금까지 성대골 마을 주민들이 에너지 전환의 필요성을 명확히 인식하고 활동하는 데 원동력이 되고 있습니다.

성대골은 2012년 서울시 에너지 자립 마을로 선정된 첫 번째 마을이에요. 현재도 서울시를 비롯해 여러 지자체에서 이러한 사업을 운영하고 있고 에너지 자립 마을이 속속 생겨나고 있답니다.

에너지 슈퍼마켙의 마지막 글자 켓을 켙으로 표기한 데는 두 가지 의미가 담겨 있다고 해요. 하나는 1960년대 한국에 슈퍼마켓이 처음 생겼을 때의 표기법을 따라 '최초로 생긴 동네 에너지 슈퍼마켙'이라는 의미를 나타낸 것이고요, 다른 하나는 Energy의 E와 한글 ㅌ의 모양이 닮아 있기 때문이에요.

2013년 성대골 마을 주민들은 '마을의 에너지 문제를 다루는 기업을 만들자'는 데 뜻을 모으고 '마을닷살림 협동조합'을 설립했습니다. 이후 협동조합을 중심으로 에너지 슈퍼마켙, 서울시 리빙랩 사업, 우리 집 그린케어 사업 등을 이어 가며 에너지 전환에 앞장서고 있지요.

'에너지 슈퍼마켙'은 LED 전구, 단열재, 태양광 충전기 등 에너지 절약에

도움이 되는 제품들을 판매하는 곳인데요, 협동조합원인 마을 주민들이 교대로 근무하며 제품 판매 이외에도 태양광 패널 설치, 단열 공사 등 에너지 문제와 관련한 상담을 진행하고 있습니다. 동네에 이런 슈퍼마켓이 있다면 에너지에 대한 관심이 절로 생기겠지요?

성대골 주민들은 서울시의 후원을 받아 '성대골 에너지 전환 리빙랩'이라는 사업을 진행하기도 했습니다. 이를 통해 마을 주민, 환경 단체와 기업, 지자체, 연구소(대학) 등의 전문가들이 모여 성대골에 적합한 에너지 기술을 논의했지요. 주민들은 미니 태양광 발전 시설을 통해 가정에서 쓰는 에너지를 스스로 생산·소비하기로 결정하고 이를 위한 설치 비용, 설치 후 경제 효과 등을 해결하기 위해 기술, 금융, 교육·홍보 분야로 그룹을 만들어 방안을 찾기 시작했는데요, 그 결과 주민 스스로 설치할 수 있는 DIY용 미니 태양광 키트를 개발하게 되었습니다. 또 태양광 패널 설치 이후에 절약된 전기 요금으로 패널 설치 비용을 갚을 수 있는 금융 상품('우리 집 솔라론')을 마을 신협과 협의해 만들게 되었지요.

'우리 집 그린케어'도 성대골 주민들이 지속적으로 추진하고 있는 에너지 전환 활동 중 하나입니다. 노후된 주택의 단열이나 전기 공사를 통해 건물의 에너지 성능을 개선하는 사업인데요, 인테리어와 전기 설비업체를 운영하는 마을의 기술자들과 시장 상인들이 조합을 만들어 에너지 전환 활동과 함께 이익도 창출하고 있습니다.


## 반짝반짝 에너지 아이디어가 빛나는 마을, 호박골

서울특별시 서대문구 홍은1동에 위치한 호박골 마을 역시 주민들이 다양한 방식으로 에너지 절약과 효율화를 꾀하고, 태양 에너지 사용을 늘리며 에너지 자립을 실천하고 있는 곳이에요. 2015년 서울시 에너지 자립 마을로 선정된 이후 마을 곳곳에 태양광 발전기, 옥상 쿨루프, 태양광 분수대 등을 설치하였는데요, 태양광 발전기로 자동 살수기가 작동되는 빛·물 발전소는 호박골 마을 주민들이 개발해 특허까지 받았다고 합니다.

호박골 마을을 둘러보다 보면 주민들의 아이디어가 돋보이는 에너지 절약 및 재생 에너지 사용 사례를 여럿 발견할 수 있습니다. 마을 입구에 들어서면 먼저 빗물저금통과 파이프팜이 눈에 띄어요. 버려지는 빗물을 저장했다가 이용하는 빗물저금통은 마을에 총 30여 개로 이곳에 모아진 빗물은 화단이나 생태텃밭에 물을 주는 데 이용됩니다. 호박골에서 최초로 시도한 빗물저금통은 물을 절약할 수 있는 좋은 사례로 현재 다른 지역에서도 이용되고 있지요. 빗물저금통의 물은 파이프팜을 가꾸는 데도 쓰여요. 파이프팜은 PVC 파이프를 이용해 모종을 심고 물을 통하게 해 식물을 기르는 것으로 흙이 부족한 도심에 적합한 수경 재배 방식이라 할 수 있습니다. 이외에도 호박골 마을에서는 지붕이나 창틀에 태양광 패널이 달린 집을 쉽게 볼 수 있고, 태양광으로 밝히는 가로등, 태양광 휴대전화 충전소 등도 볼 수 있는데요, 이 모두가 에너지를 절약하면서 마을 주민들이 함께 편의를 누릴 수 있는 소중한 사례이지요.

호박골 주민들은 또한 에너지 자립 마을 축제, 에너지 환경 영화제 등 에너지 전환의 중요성을 인식하고 체험할 수 있는 프로그램을 꾸준히 운영하고 있습니다. 이러한 활동이 유지될 수 있는 것은 마을 주민들이 함께 모여 에너지에 대해 공부하고 소통하는 일을 게을리하지 않은 덕분인데요, 에너지 활동가로 참여하고 있는 주민들은 지구를 건강하게 하는 탄소 중립에 기여하면서 전기요금 절약과 같은 경제적 이익도 얻을 수 있다는 점, 미래 세대에게 건강한 환경을 물려 주는 가치 있는 일에 자신이 함께할 수 있다는 점에 큰 보람과 자부심을 느낀다고 말합니다.

에너지 자립 마을 호박골의 정체성을 잘 드러내 주는 사례들을 한번 볼까요? 사진 위 왼쪽부터 전기 생산뿐 아니라 너른 그늘막 역할을 해 주는 호박골 놀이터의 '태양광 지붕', 낮 동안 모아 둔 태양 에너지로 저녁이면 불을 밝히는 '호박등', 빗물저금통의 물로 가꾸는 '파이프팜', 마을 주민들의 쉼터인 홍은 한마당에 설치된 '태양광 휴대전화 무료 충전소'의 모습입니다.

# 에너지 전환의 성공 요인은?

에너지 전환을 실천하고 있는 세계의 몇몇 도시와 한국의 에너지 자립 마을의 사례를 짧게나마 살펴봤습니다. 몇십 년 전부터 친환경 정책을 계획하고 실천해 온 나라들이 많이 부럽기도 한데요, 사실 에너지 전환의 과정은 나라마다 다를 수밖에 없습니다. 각 나라의 자연환경, 에너지 자원, 산업 구조, 시민 의식 등이 다르니까요. 따라서 지구와의 공생을 위한 탄소 중립이라는 하나의 목표를 향해 가되 각 나라에 맞는 에너지 정책을 계획하고 다양한 방법으로 실천하는 것이 중요합니다. 아울러 에너지 전환에는 새로운 정책과 제도의 도입, 산업 구조 개편 등 기존 시스템의 변화가 필요하기 때문에 집단의 이해관계나 정치적 이해에 따라 갈등이 생길 수밖에 없는데요, 따라서 정책을 세우고 집행하는 정부가 장기적인 관점에서 일관성을 유지하면서 진행하는 것이 매우 중요합니다.

그런데 앞에서 살펴본 각 지역의 사례가 왠지 다른 듯 닮아 있지 않나요? 이들 지역의 에너지 전환 운동을 성공적으로 이끈 요인은 무엇일까요? 몇 가지를 들 수 있겠지만, 가장 주요한 요인은 시민들이 주체가 되었다는 점 아닐까요? 실제로 지역에서 매일매일 에너지를 사용하며 살아가는 이들이 오늘날 에너지를 절약하고 효율적으로 사용하는 일이 왜 중요한지, 왜 재생 에너지를 사용해야 하는지를 인식하고 적극적으로 동참하지 않았다면 해당 지역들의 에너지 전환 활동이 지금까지 지속되고 변화를 일굴 수 없었을 것입니다. 예로 든 각 지역의 주민들 모두 자발적으로 삼삼오오 모여 탄소 중립을 이룰 수 있는 에너지 전환에 대해 공부하고, 자신들의 지역에 필요한 에너지 프로젝트를 논의하고 정부나 기관들과 연계하여 구현해 나갔습니다.

이들 지역의 에너지 전환을 성공적으로 이끈 또 다른 공통적 요인은 중앙 정부와 지방 정부, 전문가 단체 등의 정책과 지원이 시민들의 자발적 활동을 이끌고 뒷받침했다는 점입니다. 에너지 전환은 장기적인 목표와 계획 아래 정책을 세우고, 사회적 논의와 합의에 따라 에너지 자원과 산업 구조를 단계적·점진적으로 변화시켜 나가는 과정입니다. 시민이 주체가 되어야 하지만 시민의 힘만으로는 이룰 수 없고, 기후 위기에 대응하기 위하여 어떤 방식으로 에너지 자원을 구성하고 에너지 전환을 실행해 나갈지 국가 차원에서 계획을 세우고 추진해 나가야 하지요.

이러한 요인과 더불어 대규모 생산 시설이 아니라 소형 발전 시설들이 네트워크를 형성하는 분산화, 고도의 에너지 생산·관리 기술, 각 나라와 지역 고유의 에너지 자원 활용, 각 나라와 지역의 특색을 고려한 에너지 정책, 지역 경제 활성화에 기여할 수 있는 정책 등을 에너지 전환의 성공 요인으로 꼽을 수 있을 텐데요, 전 세계 모든 국가가 탄소 중립을 이루고 지구의 건강을 되찾기 위해 자국에 맞는 에너지 전환을 연구하고 실천해 나가야 하겠습니다.

# 에너지 자립 도시를 향한 세종시의 발걸음

세종특별자치시(세종시)는 탄소 중립을 이루고 에너지 자립 도시를 실현하고자 적극적으로 노력하고 있는 대표적인 곳입니다. 노후된 공공건물의 에너지 성능을 높이는 그린리모델링 사업, 에너지 절약을 실현하는 건축 기술과 태양광 발전 장치를 적용한 제로 에너지 주택단지 건설, 공공기관 내 에너지저장장치(ESS) 설치, 탄소 중립 시범학교 운영 등 탄소 중립을 위한 세종시만의 특색 있는 사업과 정책을 발굴해 추진하고 있지요.

최근(2024년 3월)에는 2050년 탄소 중립 실현을 목표로 2030년까지 온실가스 배출량을 2018년 대비 40% 줄이겠다는 1차 계획안을 발표했는데요, 여기에는 6개 부문(전환, 건물, 수송, 농축산, 폐기물, 흡수원)별 탄소 감축 목표와 이를 실현하기 위한 90개의 세부 사업 추진 계획이 담겼습니다. 세종시의 이러한 계획은 여러 번의 정책 세미나, 전문가 자문 회의, 시민 공청회 등을 거쳐 완성되었다고 하는데요, 다양한 논의를 통해 장기적 관점에서 체계적 계획을 수립한 만큼 꼭 지속적으로 순조로이 진행되어 한국 에너지 전환의 모범 사례가 되었으면 좋겠습니다.

세종시의 에너지 전환 사업 중 기대되는 것이 또 있는데요, 바로 세종시가 2030년 건립을 목표로 추진하고 있는 '친환경종합타운'입니다. 이곳은 최첨단 환경기술로 하루에 쓰레기 400t, 음식물 80t을 처리할

> 세종시는 탄소 중립 실현을 위해 다양한 방법으로 시민들과의 소통을 꾀하고 있습니다. 매년 시민 참여 환경 행사를 열고 있고, 정책 제안 공모, 의견 수렴 공청회 등도 진행하지요.

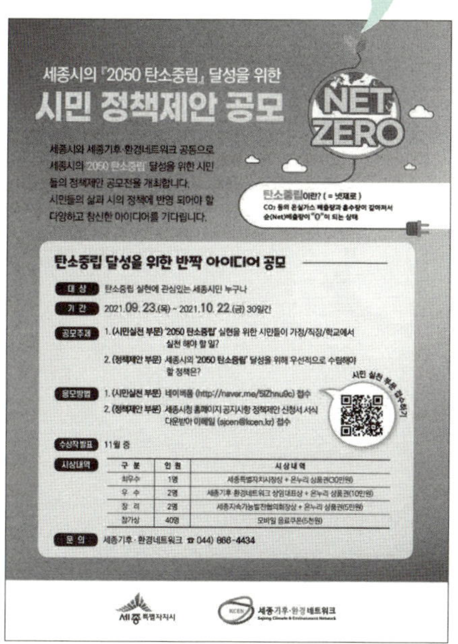


| 구 분 | 인 원 | 시상내역 |
| --- | --- | --- |
| 최우수 | 1명 | 세종특별자치시장상 + 온누리 상품권(30만원) |
| 우 수 | 2명 | 세종기후·환경네트워크 상임대표상 + 온누리 상품권(10만원) |
| 장 려 | 2명 | 세종지속가능발전협의회장상 + 온누리 상품권(5만원) |
| 참가상 | 40명 | 모바일 음료쿠폰(5천원) |

수 있는 대규모 폐기물처리시설이면서, 지역 주민들이 여가를 즐기고 다양한 문화 활동을 체험할 수 있는 혁신적 공간이지요.

2020년 세종시가 처음 친환경종합타운의 입지 선정을 공모했을 때는 주민들의 거센 반발에 부딪혔다고 합니다. 그러나 시에서 해당 시설이 혐오 시설이 아니라 지역사회와 공존하는 '복합문화공간'이라는 점을 주민들에게 꾸준히 알리고 설득하여 전동면 송성리로 최종 입지를 결정하게 되었지요.

세종시는 주민들과의 협업 기구인 '주민지원추진단'을 구성하여 친환경종합타운의 운영 방안, 지역 발전을 위한 활용 방안 등을 활발히 논의하고 주민들의 적극적 참여를 유도하고 있는데요, 이러한 과정들이 좋은 결실을 맺어 이곳이 덴마크 쾨펜하겐의 쾨펜힐과 같은 명소로 자리 잡을 수 있기를 기대합니다.

# ch6 기후 시민으로서 '실천'하기

기후 시민이란 어떤 사람들일까요? 이 책을 쓰면서 저희도 곰곰이 생각해 보았는데요, '기후 위기의 심각성을 인식하고 지구 생태계의 구성원으로서 건강한 지구를 만들기 위해 노력하는 사람, 화석 연료 사용을 줄이고 탄소 중립을 이루고자 행동하는 시민'이라고 정의할 수 있을 것 같습니다. 앞에서 소개한 RE100, 즉 기업이 사용하는 전력 100%를 재생 에너지로 충당하겠다는 캠페인이 국가가 강제한 것이 아니라 비영리 기구가 시작하여 기업들의 자발적 참여로 이루어지고 있다고 이야기했는데요, 이 같은 캠페인을 벌인 사람들 한 명 한 명이 곧 기후 시민이라고 할 수 있겠지요.

그렇다면 기후 시민으로 살아가기 위해 우리는 무엇을 해야 할까요? 첫 단계는 오늘날 기후 변화가 어떠한 문제들을 일으키는지, 기후 변화의 원인은 무엇이고 해결책은 무엇인지 바로 아는 것일 텐데요, 앞의 1부와 2부에서 우리가 이야기 나눈 내용이 바로 그러한 과정에 해당합니다. 우리는 오늘날 인류가 지구 온난화로 인한 지구 생태계 파괴와 기상 이변 발생과 같은 심각한 위기에 직면해 있고 이를 해결하기 위해 에너지 전환을 이루어야 한다는 것을 알았습니다. 화석 연료로 전기를 생산하는 발전 방식을 줄이고 재생 에너지 발전을 확대하며, 분산 에너지 시스템을 통해 전체 에너지 효율을 개선하고 소비를 줄이는 '에너지 전환'이 기후 위기에 대응하는 가장 주요한 방법임을 알았지요.

그리고 3부 5장에서는 바람직한 에너지 전환을 실천하고 있는 나라와 도시, 이에 동참하고 있는 기후 시민들의 모습을 엿보았는데요, 이제 이 책과 함께 한 생각여행을 마무리하는 6장에서는 나 자신에게로 고개를 돌려 '기후 시민으로 살아가기 위해 내가 할 수 있는 일'은 무엇인지 이야기 나누면 좋겠습니다. 지구의 건강을 지키기 위해 각자의 삶에서 실천할 수 있는 일들을 함께 찾아볼까요?

## 생활 속 작은 실천부터

스웨덴의 환경 운동가 그레타 툰베리(Greta Thunberg)를 아시나요? 툰베리는 어린 나이에 기후 위기 문제에 눈뜨고 행동하기 시작한 기후 시민입니다. 어린 시절부터 아버지의 영향으로 기후 문제에 관심이 많았다고 하는데요, 2003년생인 툰베리는 15세이던 2018년 여름 262년 만에 가장 더웠던 스웨덴의 폭염과 산불을 겪은 뒤 스톡홀름의 국회의사당 앞에서 기후 변화 대책 마련을 촉구하는 1인 시위를 벌였다고 합니다. 툰베리는 '기후를 위한 학교 파업(school strike for

2019년 유엔 기후행동 정상회의에서 열여섯 소녀 툰베리는 기후 위기에 적극적으로 대응하지 않는 세계 지도자들을 꾸짖으며 격정적으로 연설했어요. 2018년 툰베리가 시작한 금요 시위는 현재도 계속 이어지고 있는데요, 기후 시민들이 하나둘 늘어나 지구가 건강해지고 이러한 시위를 해도 되지 않는 날이 속히 오기를 바랍니다.

climate)'이라는 피켓을 들고 매주 금요일 학교를 빠지며 시위를 이어갔고, 이 시위는 세계적 기후 운동인 '미래를 위한 금요일(Fridays for Future)'로 이어져 전 세계 수백만 명의 학생들이 참여하게 되었습니다. 이후 툰베리는 2019년 9월 미국 뉴욕에서 열린 유엔 기후행동 정상회의에 참석해 세계 지도자들 앞에서 연설을 하기도 했는데요, "생태계가 무너지고 대멸종 위기 앞에 있는데도 당신들은 돈과 영원한 경제성장이라는 동화 같은 이야기만 늘어놓는다. …… 미래 세대의 눈이 당신들을 향해 있다."라는 툰베리의 날카로운 비판은 많은 사람들을 놀라게 했고 이를 계기로 많은 환경 정책들이 제안되었다고 합니다.

한창 다양한 놀거리를 즐기고 싶은 십대 때 국회의사당 앞에서 시위를 하고, 기후 위기에 적극적으로 대응하지 않는 세계의 정치인들을 향해 목소리를 높였다니 정말 놀랍지요? 나와는 다른 세계의 친구 같기도 하고요. 그렇다고 여러분이 기후 위기 문제를 지레 외면하지 않기를 바랍니다. 툰베리 같은 환경 운동가들이 뜻을 같이하는 이들과 연대해 전 세계에서 시위를 벌이고, 비행기 대신 탄소를 배출하지 않는 태양광 요트를 타고 바다를 건너는 등의 행위는 많은 사람들의 관심을 불러일으키고 각성하게 하는 상징적인 행동으로 볼 수 있습니다. 모두가 그렇게 할 수 없고, 그럴 필요도 없지요. 우리는 그러한 행위가 지니는 메시지가 무엇인지 각자 곰곰이 생각해 보고, 내가 속한 곳에서 할 수 있는 작은 일부터 행동으로 옮기면 됩니다. 기후 시민으로 나아가는 첫걸음은 기후 위기 문제가 나와는 상관없는 거창한 문제가 아니라 내 삶과 연결되어 있다는 점을 인식하고, 지구 환경을 지키기 위해 생활 속에서 할 수 있는 작은 실천을 시작하는 것입니다.

## 기후 시민은 '지구의 건강을 생각하는 소비자'

오늘날 우리가 일상에서 사용하는 수많은 제품을 만드는 데 석유가 쓰인다는 점을 앞에서 이야기했습니다. 옷, 플라스틱 용기, 화장품, 전자제품, 신발, 가방, 종이컵, 종이타월 등등 셀 수 없이 많지요. 그리고 이러한 제품들을 폐기하는 데도 많은 환경오염 물질이 배출됩니다. 따라서 기후 위기 시대의 기후 시민은 물건을 사고 버리는 데 신중하고 현명한 소비자가 되어야 하지요. 혹시 여러분은 아직 고장나거나 못 쓰는 물건이 아닌데도 그저 예쁘고 보기 좋아서, 또는 신상품을 사고 싶어서…… 동일한 용도의 물건을 몇 개씩 새로 사지는 않나요? 더 깨끗하고, 멋져 보이는 새 제품에 마음이 가는 것은 누구나 마찬가지입니다. 저희 역시 그렇습니다. 그러나 지구촌 곳곳에서 기상 이변이 발생해 많은 이들이 하루아침에 삶의 터전을 잃고 목숨까지 잃는 기후 위기 시대에, 이제 우리의 소비 행태를 돌아보고 바꾸어 나가야 하지 않을까요?

우리가 입는 옷을 만들고 유통시키고 폐기하는 데에는 많은 양의 자원(물, 나무, 석유 등)이 소비되며 이산화탄소가 배출됩니다. 한 예로 레이온 섬유를 만드는 데 필요한 나무를 얻기 위해 매년 약 7,000만 그루의 나무가 베어져 인도네시아 열대우림이 사라지고 있다고 합니다. 또 매년 4,300만t 정도의 화학물질이 원단 염색 등에 사용되는데 전 세계 폐수의 20%가 이로 인해 발생한다고 합니다. 전 세계 의류산업이 해마다 배출하는 이산화탄소는 세계 전체 이산화탄소 배출량의 약 10%를 차지하고요.

파괴적인 생산 과정을 통해 만들어진 옷이 너무 쉽게 버려지는 문제는 소비자인 우리에게 많은 생각할 거리를 던져 줍니다. 최신 패션 트렌드를 따라 저렴한 제품을 다양하고 빠르게 생산하는 패스트 패션(fast fashion)이 의류 산업 전반을 지배하면서 막대한 양의 의류 폐기물이 지구를 병들게 하고 있습니다. 패스트 패션 의류는 합성섬유인 경우가 많은데 이는 썩지 않는 쓰레기가 되고, 분해된 이후로도 미세플라스틱의 형태로 떠돌며 지구 환경과 생물들을 병들게 합니다.

전 세계적으로 의류 폐기물의 양은 연간 약 9,200만t에 이른다고 합니다. 버려진 옷의 대부분은 재활용되지 못하고 소각되거나 매립·방치됩니다. 우리나라를 비롯해 많은 국가가 버려진 옷을 동남아시아나 아프리카의 개발도상국으로 수출하는데요, 그곳에서도 이러한 옷의 절반만 유통되고 나머지 절반은 다시 버려져 쓰레기로 방치되지요. 여러분 나이대에는 특별히 패션에 관심이 많고 유행에 민감할 텐데요, 기후 위기 시대를 살아가는 기후 시민으로서 패스트 패션의 과잉 생산과 과잉 소비의 문제가 지구 환경에 미치는 영향을 곰곰이 생각해 보고 자신의 소비 패턴을 돌아보면 좋겠습니다. 그리고 충동구매 줄이기, 한 번 사면 잘 관리해 오래 입기, 조금 비싸더라도 수명이 길고 유행을 덜 타는 옷 사기, 친환경 소재나 재활용 섬유로 만든 옷 사기, 입지 않는 옷은 리폼해 입거나 중고거래 하기 등등 버려지는 옷과 그로 인한 환경 피해를 줄일 수 있는 행동을 생활 속에서 실천해 나가길 바랍니다.

음식 소비에 있어서도 자신의 습관을 돌아볼 필요가 있습니다. 소나 양과 같은 반추동물이 방출하는 막대한 양의 메탄가스가 지구 온난화를 부추기고 있는데요, 2018년 〈사이언스 *Science*〉에 실린 연구 결과에 따르면, 소고기 1kg을 생산하는 데 약 60kgCO2-eq(이산화탄소 환산 kg)의 온실가스가 발생한다고 합니다. 소의 되새김 과정의 트림과 방귀에서 이산화탄소보다 온난화 잠재력 지수가 25배가량 되는 메탄이 발생하며, 사료작물 생산에는 이산화탄소보다 온난화 잠재력이 300배 가까운 아산화질소를 배출하는 농약이 사용된다고 합니다. 더 많은 가축을 먹이기 위해 사료작물을 더 많이 생산해야 하고, 그에 따라 농약과 화학비료 사용량이 증가하고 있지요. 또한 가축의 사료작물을 생산하기 위해 많은 면적의 열대우림이 파괴되고 있고요.

2023년 한국인의 고기 소비량은 사상 처음으로 쌀 소비량을 앞지르는 등 식생활이 서구화되면서 육식을 선호하는 이들이 증가하고 있습니다. 한편으로는 공장식 축산업의 폐해와 기후 위기 문제를 인식하고 채식을 선택하는 이들도 전 세계적으로 점점 늘어나고 있는데요, 무엇을 먹을지는 옳고 그름의 문제도 아니고 양자택일의 문제도 아니지만 기후 위기 시대를 살아가는 시민이라면 자신의 식습관을 돌아보고 육식 횟수를 줄이는 등 의식적인 변화를 실천해야 하겠습니다. 아울러 음식물 쓰레기를 처리하는 과정에서도 많은 양의 온실가스가 배출된다는 점을 인식하고 적정한 양을 요리하고 먹는 습관을 길러야 하겠습니다.

이 밖에도 유통 과정에서 발생하는 탄소 발생이 적은 거주지 인근 지역의 상품 구매하기, 개별 포장이 없는 상품을 구입해 비닐봉지가 아니라 장바구니에 담기, 플라스틱 용기 사용을 줄이고 다회용기 이용하기, 개인 텀블러 사용을 생활화하기, 자주 쓰지 않는 물건은 빌려 쓰는 공유 플랫폼 이용하기 등 기후 시민이

 ## 건강한 변화를 만드는 소비자 '어택' 운동

오늘날 너무 많은 플라스틱 용품이 만들어지고 너무 쉽게 버려져 지구를 병들게 하고 있습니다. 2020년 기준 세계 플라스틱 생산량은 약 4억t에 이르는데, 이 중 4분의 3이 쓰레기로 버려지고 해마다 1,000만~2,000만t의 플라스틱이 바다로 흘러들어 가고 있다고 합니다. 이러한 파괴적인 생산과 소비 행위에 경종을 울리는 기후 시민의 실천으로 플라스틱 '어택(attack)' 운동을 소개할 수 있는데요, 이 운동은 2018년 영국의 소도시 케인샴(keynsham)에서 과도하게 포장된 플라스틱과 비닐 등을 가게에 돌려주고 내용물만 가지고 오는 실천에서 시작되었습니다. 이후 SNS를 통해 각자의 일상에서 어택 운동을 실천하는 사람들의 모습이 전해졌고 유럽과 미주를 넘어 세계 곳곳에서 진행되고 있지요.

기후 시민들의 이러한 행동은 기업을 변화시킬 수 있습니다. 영국의 대형 유통업체 테스코(Tesco)는 시민들의 플라스틱 포장재 줄이기 운동에 동의해 2025년까지 모든 포장재의 재질을 100% 재활용되거나 자연 분해되는 재질로 바꾸기로 하고 다양한 시도를 하고 있지요. 최근에는 과일에 붙이는 플라스틱 스티커를 없애고 레이저로 문신을 새기는 방안을 테스트 중이라고 하는데요, 이처럼 시민들의 어택 운동은 기업을 '공격'하는 것이 아니라 지구를 건강하게 하기 위한 '요구나 제안'을 하고 기업과 소비자가 함께 건강한 변화를 만들어 가는 움직임이라고 할 수 있습니다.

이러한 선순환의 움직임이 우리나라에서도 꾸준히 일어나며 소중한 변화를 만들어 내고 있습니다. 여러분들 '홈런볼'이라는 과자 알지요? 오래된 과자라 아는 친구들이 많을 텐데요, 이 과자의 낱알들을 담는 플라스틱 트레이(용기)가 종이로 바뀐 것을 알고 있나요? 시민단체인 환경운동연합은 2021년 대형 식품기업 4곳에 플라스틱 트레이를 제거하라고 요구하는 운동을 벌였습니다. 그 결과 4곳 모두 트레이를 제거하거나 종이 트레이로 바꾸는 변화를 단계적으로 행하겠다고 약속했지요. 이외에도 우유팩에 넣던 빨대나 통조림 햄의 불필요한 플라스틱 뚜껑을 없애게 한 사례, 배달앱에서 '일회용 수저나 포크 안 받기'로 체크하던 선택의 기본값을 '일회용 수저나 포크 받기'로 체크하도록 바꾼 사례 등이 모두 시민들의 어택 운동에 기업들이 변화하게 된 경우입니다.

생활 속에서 실천할 수 있는 '가치 소비' 활동은 의외로 많습니다. 결과적으로 소비자의 제품 선택은 기업의 생산 활동에 영향을 미칠 수 있기 때문에 기후 시민으로서 가치 소비를 행하는 것은 매우 중요합니다. 우리 사회의 기후 시민들이 에너지 효율이 높은 제품, 폐기물을 줄인 제품, 재활용이 용이한 소재나 친환경 소재의 제품, RE100 가입 기업이나 ESG 경영에 앞장서는 기업의 제품을 많이 구입할수록 그러한 제품들이 더 많이 생산되고 일반화될 것입니다. 또한 기업들이 환경 보호에 대한 압박감과 책임감을 느끼고 기업을 운영해 나갈 것입니다.

## 기후 시민은 '현명한 전기 소비자'

과거 석탄에서 석유, 가스 등으로 변화되었던 에너지 전환의 목적은 에너지를 더 많이 얻는 것이었습니다. 그러나 오늘날 에너지 전환의 가장 큰 목적은 지구 온난화의 원인인 탄소 배출을 줄이는 저탄소 에너지 전환인데요, 이 목표를 이루기 위해 우리 청소년들이 생활 속에서 실천할 수 있는 일들은 어떤 것일까요?

가장 먼저 쉽게 도전해 볼 수 있는 일은 우리가 일상에서 가장 많이 쓰는 전기 에너지를 아껴 쓰는 것입니다. 지금 당장 우리 집, 혹은 내 방을 둘러보세요. TV, 셋톱박스, 에어컨, 공기청정기, 전자레인지, 컴퓨터, 태블릿 pc, 휴대폰, 스탠드 등등 수많은 전자제품이 있을 텐데요, 전자제품을 쓰지 않을 때 플러그를 빼놓는 것만으로도 많은 대기전력을 아끼고 전기요금도 아낄 수 있습니다.★ 대기

---

★ 한국전기연구원에 따르면 사용하지 않는 가전제품의 플러그를 뽑는 것만으로도 하루에 최대 전기 사용량 1kWh를 줄일 수 있다고 합니다. 1kWh는 적어 보이지만 LED TV 5-8시간, 세탁기(21kg 이상) 2회, 6인용 전기밥솥 20시간을 각각 쓸 수 있는 양입니다. 4인 가구 기준 월평균 전력사용량 299kWh에서 하루 1kWh씩 월 30kWh를 절약하면 전기료의 약 10%를 아낄 수 있고, 이를 전기료로 환산하면 월 5만 8,010원에서 5만 220원으로 약 7,790원을 아낄 수 있지요.
대기전력이 큰 가전은 셋톱박스(12.27W), 인터넷 모뎀(5.95W), 전기밥솥(3.47W), 컴퓨터(2.62W), 전자레인지(2.19W) 등이며, 에어컨(스탠드형)도 콘센트만 꽂혀 있어도 1초당 5.81W가 소모된다고 합니다.

전자제품을 살 때는 대기전력저감기준 미달 마크(왼쪽)가 아니라 만족 마크(가운데)가 붙은 제품, 그리고 에너지소비효율등급이 높은 제품을 사야겠지요?

전력은 전자제품의 전원이 꺼져 있을 때도 다음에 켜질 때를 대비해서 주요 부품들에 전기가 공급되는 것입니다. 대기전력은 이용자들의 편의를 위해 만들어진 시스템이지만 적지 않은 전기를 소모하는데요, 보통 한 가정에서 대기전력으로 손실되는 전력은 약 6-11%에 이른다고 합니다. 물론 플러그를 일일이 꽂았다 뺐다 하는 일은 매우 귀찮은 일입니다. 그러니 스위치가 달린 멀티탭을 갖추고 의식적으로 사용하는 습관을 들여야 하겠지요. 멀티탭은 전기를 분배하는 역할만 하고 자체적인 대기전력이 없어 전기를 아낄 수 있습니다. 또한 전자제품을 구입할 때 한국에너지공단에서 부여하는 대기전력저감기준 안전제품 마크를 확인하는 것도 전기를 아낄 수 있는 방법입니다. 이 마크가 붙은 제품들은 대기전력이 최소화되어 있기 때문에 플러그를 뽑지 않아도 대기전력을 상당히 줄일 수 있지요.

에너지 효율이 높은 LED 전등을 쓰고 사용하지 않는 전등을 의식적으로 끄는 일도 습관화해야 합니다. 요즈음에는 집집마다 여러 위치에 다양한 조명을 설치하니 필요한 부분의 조명만 켜고 생활하면 좋겠지요. 집에 들어오면 습관적으로 모든 방의 불을 켜는 이들이 많습니다. "그깟, 전깃값 얼마나 차이 난다고 그래, 다 켜고 밝게 지내!"라고 하는 사람들도 있고요. 그러나 기후 시민이라면 전기를 아끼는 일이 단순히 돈의 문제가 아니라 우리의 미래가 달린 문제임을 알고 실천해야 하겠지요.

날씨에 맞는 옷차림을 하고 냉난방 온도를 적정하게 조절하는 일, 에어컨 필터를 주기적으로 청소하는 일, 빨랫감을 모아서 세탁기를 돌리는 일, 먼지통의

먼지를 비우고 청소기를 돌리는 일, 비데 온도를 낮추는 일, 온수 온도를 적절히 낮추는 일, 냉장고의 적정 온도를 유지하고 냉장실의 먹지 않는 음식은 정리해 냉기가 순환되도록 하는 일(단, 냉동실은 냉기가 빠지지 않도록 꽉 채워야 전력 소모가 적어요), 엘리베이터 대신 계단을 이용하는 일 등도 일상에서 전기 에너지를 아낄 수 있는 방법이며, 기후 시민으로서 실천해야 할 일입니다. 이러한 일을 실천하는 사람들이 많아질수록 전기 에너지의 전체 소비량이 줄고 발전설비의 필요량을 줄일 수 있습니다. 전기를 덜 사용하는 것이야말로 '저탄소 에너지 전환'을 이루는 밑거름이 될 수 있습니다.

## 기후 시민은 '현명한 전기 생산자'

기후 시민은 전기 에너지 수요를 줄이는 일에서 한 걸음 더 나아가 전기 생산자로서 활동할 수도 있습니다. 태양광 패널과 같은 재생 에너지 설비는 기존의 화력 발전이나 원자력 발전에 비해 분산화하여 소규모 발전이 가능하기 때문에 일반 시민들이 에너지 생산자로서 활동할 수 있는데요, 재생 에너지 보급에 적극적인 독일에서는 과거 시민들이 원자력 발전소 설치를 거부하면서 '내 뒷마당에는 안 된다'라는 의미의 '님비(NIMBY, Not In My Back Yard)'를 내세웠지만, 이제는 에너지 전환을 위한 재생 에너지 확대를 적극적으로 수용하면서 '그래, 내 뒷 마당에'라는 의미의 '임비(IMBY, Yes, In My Back Yard)'를 이야기한다고 합니다.

앞서 에너지 자립 마을의 주민들이 각자의 집에 태양광 패널을 설치해 사용하는 예를 보았는데요, 여러분이 현재 거주하고 있는 지역에 태양광 패널 설치를 지원하는 프로그램이 있다면 부모님께 이야기해 자가발전을 실천해 보는 것은 어떨까요? 아직 우리 사회에는 유럽처럼 자가발전이 활성화되어 있지 않고, 초기 비용과 관리가 필요하니 부모님이 선뜻 결정을 내리기 힘드실 텐데요, 그

경기도는 재생 에너지 확대를 위한 '전력자립 10만 가구 프로젝트'의 하나로, 2023년 도내 주택 3,200여 가구에 태양광 설비 설치비를 지원하는 사업을 진행했어요. 2030년까지 10만 가구 설치 목표를 달성할 계획이라고 해요.

러므로 여러분이 오늘날과 같은 기후 위기 시대에 재생 에너지 사용이 왜 필요한지, 에너지 전환이 어떠한 의미를 지니는지 더더욱 잘 설명하여야 하겠지요? 전깃값을 절약할 수 있다는 점도 이야기하고요.

아울러 여러분은 성인이 되어서 에너지협동조합 조합원으로 활동하거나 재생 에너지 관련 펀드 상품 등을 구입해 간접적인 에너지 생산자로서 활동할 수도 있을 것입니다. 재생 에너지 확대와 전력 시스템의 분산화가 진행되면서 에너지 프로슈머(prosumer), 곧 에너지 생산자이면서 소비자로서의 역할이 우리에게 요구될 텐데요, 기후 시민으로서 우리 사회의 에너지 전환에 관심을 가지고 현명한 전기 생산자와 소비자로서 활동하는 여러분의 모습을 기대합니다.

## 기후 시민은 '현명한 참여자'

이 책을 읽는 분들 중에는 아직 투표권이 없는 청소년들이 많겠지만, 머지않아 선거권을 지닌 한 사람, 즉 유권자로서 권리를 행사하게 될 텐데요, 우리 사회가 기후 위기를 막을 수 있는 에너지 전환을 실현하려면 장기적인 관점에서 체계적으로 짜여진 법과 제도, 정책이 뒷받침되어야 합니다. 따라서 기후 시민은 현명

한 유권자로서 정치 활동에 적극
적으로 참여해야 하는데요, 기후
위기 대응에 적극적인 정치인, 탄
소 중립과 에너지 전환을 지향하
고 그에 필요한 법과 제도를 공약
으로 제시하는 후보를 지지하고
선거에서 그들에게 표를 던져야
합니다. 그리고 그들이 선출된 후
에는 공약을 제대로 이행하는지
지켜보고 그러지 않는다면 지키
도록 요구하고 압박해야 하지요.
이러한 일들이 이루어져야 우리

많은 시민단체들이 기후 위기의 심각성을 알리고
정부와 시민들의 관심을 독려하고자 다양한 행사를
열고 있어요. 그림은 2019년 환경·인권·청소년 등
시민사회단체 330곳이 모인 '기후위기 비상행동'이
마련한 행사의 포스터예요.'지금이 아니면 내일은
없다'라는 문구를 흘려보내지 말아야 하겠지요?

사회에 기후 위기를 극복할 수 있는 법과 제도, 정책이 만들어지고 보다 많은 시
민이 기후 위기 문제에 눈뜨며 사회 전체에 변화가 일어날 수 있습니다.

　우리는 또한 기후 시민으로서 같은 고민과 관심, 실천 의지를 지닌 사람들
과 연대해야 합니다. 이를 위해 기후·환경 관련 시민단체의 활동에 관심을 가지
고 참여해야 하는데요, 유럽의 국가들이 기후 위기 대응에 적극적인 것은 많은
시민들이 기후·환경 관련 시민단체 활동에 참여하면서 정부에 목소리를 내기
때문이라고 합니다. 주위를 잘 살펴보면 국내에도 여러 시민단체가 정부가 보다
나은 환경·에너지 정책을 수립하고 이행할 수 있도록 압박하고 이끄는 역할을
하고 있습니다. 여러분 또래의 청소년들이 모여 활동하는 단체도 있지요. 이러한
단체들은 일반 시민들을 대상으로 기후 위기의 심각성, 탄소 중립과 에너지 전
환의 필요성, 시민 실천의 필요성 등을 알리는 교육과 캠페인 등도 진행하고 있
는데요, 기후 시민으로서 우리는 이러한 활동들에 관심을 가지고 참여하며 재
능 기부나 후원금 기부 등으로 지원할 수 있습니다.

지금까지 우리가 기후 시민으로서 나아가기 위해 실천해야 할 일들을 이야기해 봤는데요, 여러분의 생각은 어떤가요? 쉽게 실천할 수 있을 것 같나요? 많은 일이 그렇듯이 머리로 이해하기에는 어렵지 않지만 몸으로 직접 실천하려면 귀찮고 힘들 것입니다. 익숙하게 몸에 배어 있는 생활 습관을 바꾸거나 새로운 일을 시작하는 것은 매우 어렵지요. '번거롭게 뭘 그러느냐?'는 식의 주위 사람들의 시선도 부담스러울 수 있습니다. 기후 변화라는 말이 일상어처럼 되어 버렸지만 아직도 많은 사람들에게는 폭염으로 목숨을 잃는 사람들, 폭우에 잠겨 버린 집, 몇 달째 계속되는 산불 소식 등이 뉴스에서나 볼 수 있는 '남의 이야기'로 다가오니까요. 그렇지만 이 책을 읽고 있는 여러분은 알고 있지요? 기후 변화가 결코 남의 이야기가 아니라 우리 모두에게 닥친 위기라는 것을요. 그러니 여러분이 기후 시민이 되어 지구의 건강을 위해 생활 속에서 실천할 수 있는 일들을 하나둘 행동으로 옮겨 주세요. 주위 사람들이 기후 변화를 우리의 문제로 받아들이고 변화할 수 있도록 이끌어 주세요. '이게 되겠어?'라는 의심을 버리고 '이것부터 해 보자!'라는 씩씩한 마음으로 실천하는 기후 시민이 되길 응원합니다!

## 에너지 전환을 위해 일해요

기후 위기 시대에 저탄소 에너지 전환은 거스를 수 없는 흐름입니다. 지구와의 건강한 공존, 미래 세대의 건강한 삶을 위해 인류가 꼭 실천해야 할 일이지요. 앞으로 여러분은 재생 에너지 중심의 에너지 전환 사회에서 살아갈 텐데요, 이와 관련된 일을 하는 기후 시민으로서 살아가는 것은 어떨까요? 에너지 전환은 우리에게 꼭 필요한 가치 있는 일인 만큼 미래 사회의 주인인 여러분이 관심을 가지고 도전해 볼 만한 분야라고 생각되는데요, 에너지 전환과 관련해서 증가할 것으로 보이는 새로운 일자리에는 어떠한 것들이 있는지 함께 살펴볼까요?

기후 위기 시대에 에너지 전환은 '어떻게 지구 환경을 해치지 않으면서 전기 에너지를 생산하고 효율적으로 사용할 수 있는가'라는 이슈로 모아질 수 있는데요, 이러한 점을 생각하면 현재 우리나라의 전력 공급과 판매를 담당하고 있는 한국전력공사(kepco, 한전)와 발전 부문을 담당하는 한전의 6개 자회사(한국수력원자력, 한국남동발전, 한국남부발전, 한국동서발전, 한국서부발전, 한국중부발전), 그리고 전기 거래 부문을 담당하는 한국전력거래소(KPX)가 일자리 부분에서 큰 변화를 겪을 것으로 예상됩니다.

앞에서 살펴보았듯이 한전은 전기의 송전과 배전, 판매를 독점적으로 운영하는 중앙 집중형 전력망을 유지하고 있으며, 한전의 6개 발전 자회사는 탄소를 배출하는 화석 연료와 원자력을 이용하여 전기를 생산하고 있습니다. 그런데 파리협약은 기후 위기에 대응하기 위해 화석 연료에 대한 의존을 어떻게 낮추어 갈지 각 나라에 장기저탄소 발전전략(LEDS, Long-term low greenhouse gas Emission Development Strategies)을 요청했고, 이에 따라 우리나라 역시 2050년까지 탄소 중립을 목표로 신재생 에너지를 확대해 나가야 합니다. 따라서 석탄과 원자력에 의존하는 한전의 6개 발전 자회사와 한전은 태양광, 풍력, 수력, 바이오 등 재생 에너지 발전을 확대하고, 중앙집중형 전력망에서 벗어나 분산 에너지 환경을 지원하는 시스템으로 에너지 전환을 실행해야 할 텐데요, 그러한 변화 속에서 거대 기업 한전의 현재의 일자리들은 많은 변화를 겪게 될 것입니다.

한전과 발전 자회사를 중심으로 한 한전 계열사들이 신재생 에너지를 이용

 ## 에너지 전환을 준비하는 회사들

우리나라에도 다양한 에너지 사업을 하는 기업들이 속속 생겨나고 있습니다. 그중 분산 에너지 환경에서 주목받고 있는 회사가 있는데요, 바로 '그리드위즈'라는 곳입니다. 스마트 그리드(지능형 전력망)를 사업 영역으로 하는 그리드위즈는 2013년 에너지 분야 최초로 스타트업으로 창업하였습니다. 단 3명의 직원과 자본금 5억 원으로 시작한 회사는 전기 에너지 기술에 IT 기술을 접목하는 '에너지 데이터 테크' 기업으로 성장하여 2024년 현재 140여 명의 직원들이 1,300억 규모의 매출을 올리고 있지요.

그리드위즈가 진행하고 있는 사업 분야는 전력수요관리서비스(DR), 전기차 충전 인프라(E-Mobility), 에너지 효율화와 RE100을 지원하는 에너지 저장 시스템, 신재생 에너지 개발(PV, 태양광 발전)로 구분할 수 있습니다. 전력수요관리서비스(DR)는 에너지 사용자와 전력시장 사이의 연결 고리가 되어 사용자가 아낀 전기를 모아 전력시장에 판매하고 고객의 전력 비용을 최소화하는 것입니다. 그리고 전기차 충전 인프라는 양방향 교류가 가능한 전기차 충전 인프라 제품을 안전하고 빠르게 제공·관리하는 것이지요. 또한 에너지 저장 시스템과 신재생 에너지 개발은 전력 공급 솔루션을 통해 기업들의 탄소 중립과 에너지 전환을 돕는 일이라고 할 수 있지요.

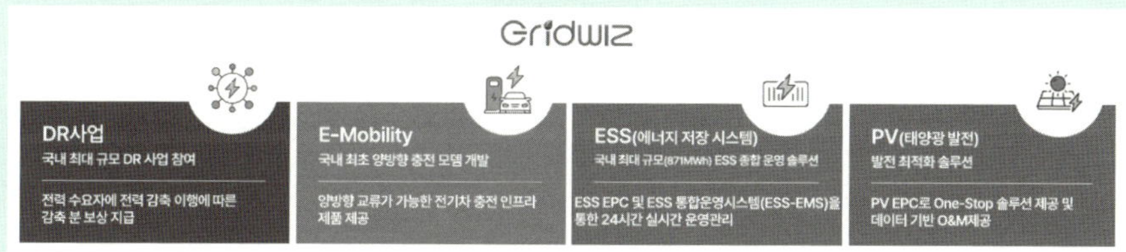


이처럼 그리드위즈는 분산 에너지로 에너지 전환을 이루는 사업을 진행하면서 기존에 존재하지 않던 새로운 에너지 분야의 일자리를 제공하고 있습니다. 이러한 점에서 기존의 한국전력공사와 발전자회사들의 일자리를 대체하는 '녹색 일자리'를 제공하는 회사이며, 에너지 전환을 준비하는 회사라고 볼 수 있지요.

물론, 그리드위즈 이외에도 에너지 전환을 준비하고 있는 회사들은 꽤 많습니다. 쏘울에너지, 솔라커넥트, 해줌, 에이투엠 등등 아직은 낯선 이름의 여러 기업이 그리드위즈와 함께 산업통상자원부에서 지원하는 유망 에너지 혁신 기업으로 선정되었던 곳들입니다. 이와 더불어 대기업 중에서는 한화솔루션, SK E&S와 SK가스, GS EPS, 두산퓨어셀과 두산에너빌리티 등이 분산 에너지로 에너지 전환을 준비하고 있습니다.

한 발전 회사와 분산 에너지 사업자들로 변경될 것으로 예측됩니다. 태양광과 풍력, 연료전지와 같은 소규모 발전 회사가 증가할 것이며 이들 회사에 일자리가 늘어날 것으로 보입니다. 그리고 이러한 소규모의 발전 회사가 만든 전기를 관리하고 분산 에너지 환경을 관리하는 통합중계사업자(VPP)와 수요반응사업자(DR), 그리고 스마트 그리드 기술자들의 일자리가 늘어날 것입니다. 분산 에너지 환경에서 간헐적인 전기를 저장하는 에너지저장장치(ESS)와 이의 근간이 되는 배터리 산업이 발전하면서 관련 일자리들도 증가할 것입니다.

아울러 재생 에너지 관련 소재나 기술에 대한 연구개발 인력이 늘어날 것은 명확해 보입니다. 태양광 발전에서는 발전 효율을 높일 수 있는 분야에 대한 연구개발이 계속될 것입니다. 유기 태양 전지, 페로브스카이트(perovskite) 태양 전지 등 새로운 소재에 대한 연구개발 분야에서 일자리가 많이 증가할 것으로 보입니다. 그리고 풍력 발전 분야에서는 설치 지역과 방식, 발전량 등에 따라 초대형, 소형, 수평, 수직형 등 다양한 형태의 변화가 일어나고 이를 개발하는 연구자들이 늘어날 것으로 예상됩니다. 또한 핵심 기술인 터빈 분야에서 연구, 설비 제작과 운영 등 다양한 업무를 수행할 수 있는 전문가가 증가할 것입니다.

한편, 전기 자동차 시장이 확대되고 자율주행 자동차와 같은 신기술이 도입되면서 자동차 산업은 기계산업에서 벗어나 첨단 IT산업으로 변모하고 있는데요, 이에 따라 새로운 일자리가 늘어날 것입니다. 전문가들에 따르면 자율주행 자동차, 스마트 자동차 등에 탑재되어 연산 및 제어를 담당하는 시스템 반도체 분야의 인력이 증가할 것이라고 합니다. 또한 증강현실과 가상현실 전문가, 자율주행 엔지니어 등도 많아질 것으로 보입니다.

재생 에너지를 활용하여 에너지 소요량을 최소화하는 녹색건축물(제로 에너지 빌딩)이 확대되면서 이를 설계, 시공, 관리, 컨설팅할 수 있는 전문 인력에 대한 수요도 증가할 것으로 보입니다. 예를 들면, 지역별 일조량, 풍량, 기류 등의 환경을 분석하고 그러한 자료를 바탕으로 에너지 효율을 높이는 건축 계획을 수

립할 수 있는 인력이 필요한 것이지요. 건축물의 에너지 효율을 평가하는 에너지평가사, 신재생 에너지를 연구해 에너지 비용을 줄이거나 효율을 높일 수 있는 시스템을 개발·관리하는 신재생 에너지 공학기술자 등 새로운 일자리도 계속 생겨날 것으로 예측됩니다.

우리 인류가 기후 위기를 극복하고 지속 가능한 에너지 사회를 열어 가기 위해서는 에너지 전환과 탄소 중립이라는 피할 수 없는 과제를 해결해 나가야 합니다. 이에 지구촌 모든 나라가 산업 부분뿐만 아니라 공공기관, 교통, 생활 일반 등 모든 분야에서 에너지 전환과 탄소 중립을 향한 어려운 여정을 시작하였는데요, 그러한 과정 중에 에너지 전환 분야에서 새로이 생겨나고 발전할 것으로 보이는 '녹색 일자리'에 관해 살짝 살펴보았습니다. 어떤가요? 소개된 분야 중에 앞으로 여러분이 몸담아 보고 싶은 곳이 있나요? 이 책을 읽은 뒤 여러분이 기후 시민으로서 실천하는 삶을 살기 위해 노력한다면, 에너지 전환과 관련된 일에 대해서도 자연히 관심을 가지게 될 텐데요, 미래 사회의 주인공인 청소년 여러분들이 지구를 더 건강하게 가꾸는 일에 관심의 끈을 놓지 않고 나아가길 기대하고 응원합니다!

# 기후 시민들의 연대와 실천에서 시작된 '알맹상점'

여러분 혹시 '알맹상점'이라는 곳을 들어봤나요? '껍데기는 가라. 알맹이만 오라!'라는 슬로건에서 알 수 있듯이 알맹상점은 포장재 없이 내용물만 파는 국내 최초 리필스테이션(refill station, 리필숍)으로 망원점과 서울역점, 두 곳이 서울에서 운영되고 있어요. 지난 2018년 서울과 수도권 아파트에서는 재활용 수거업체들이 비용 부담을 내세워 폐비닐과 페트병, 폐지 수거를 중단하면서 '쓰레기 대란'이 발생한 적이 있는데요, 당시 서울시 마포구의 일부 주민들이 자발적으로 비닐봉투 사용을 중단하고 쓰지 않던 장바구니를 한군데로 모아 시장에서 빌려 주는 운동을 벌였어요. 또 제품 구매 시 일회용 용기를 사용하지 않고 내용물만 구입하려 노력하면서 '알맹이만 찾는 자(알짜)' 모임이 시작되었고, 이러한 연대가 알맹상점으로 발전하게 되었지요.

> 알맹상점에서 판매하는 제품들은 무엇이 다를까요? 홈페이지 소개란에 귀여운 그림카드 형태로 제시되어 있는 분류 내용을 보면, 그 특성을 잘 알 수 있지요.

상품 보호와 장식 등의 목적으로 쓰이는 포장재는 소비자들의 눈길을 끌기 위해 과도하게 만들어지는 경우가 많은데요, 그로 인해 버려지는 플라스틱 용기, 각종 쓰레기는 지구 환경을 해치는 또 하나의 요인이에요. 이러한 폐해를 줄이고 자원 순환을 도모하기 위해 선진국에서는 일찍부터 리필스테이션을 만들고 활성화하였는데요, 알맹상점은 우리나라 소비자들에게 환경을 해치는 포장재의 문제를 알리고 친환경 제품을 판매하는 리필스테이션이지요.

알맹상점의 홈페이지(https://almang.net) 소개란에는 "알맹상점 이런 '알맹이' 물건을 고릅니다."라는 문구와 함께 이곳에서 판매하는 제품들이 여섯 가지 분류로 소개되어 있어요. 첫째 제품 생산부터 소비까지 유통 단계에서 쓰레기가 나오지 않게 노력한 제품, 둘째 재활용에 적합한 소재이거나 리필

(refill) 혹은 업사이클(upcycle)을 통해 제품의 수명을 연장한 제품, 셋째 제품이 만들어지고 버려질 때 지구를 덜 아프게 하는 제품, 넷째 생산과 이동 과정에서 탄소 배출을 줄인 제품, 다섯째 만드는 사람을 존중하고 사회적 가치를 추구하는 제품, 여섯째 동물성 성분을 사용하지 않거나 동물 복지를 실천하며 제작된 제품이에요.

알맹상점에서는 이러한 분류에 부합하는 제품을 대용량 용기에 담아 판매해요. 소비자들은 대용량 용기에 담겨 있는 샴푸, 스킨, 로션과 같은 화장품부터 세탁세제, 주방세제와 같은 생활용품을 각자 집에서 가져온 용기(혹은 매장에 있는 빈 병)에 원하는 만큼 담고 무게를 달아 값을 치르지요. 또는 용기가 필요 없는 고체 형태의 샴푸바, 린스바, 고체 치약 등을 구입하고요.

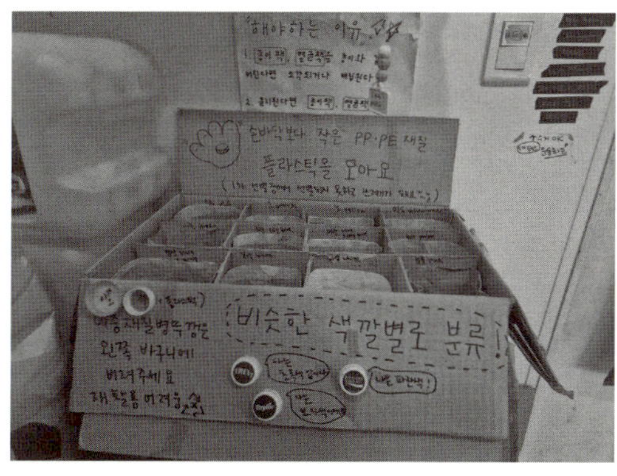

알맹상점에서는 또한 페트병 뚜껑같이 분리 배출해도 재활용되기 어려운 작은 플라스틱, 사용하고 남은 크레파스, 깨진 도자기 그릇, 안 쓰는 전선 등을 소비자들에게 수거해 새로운 제품을 만드는 데 쓰이도록 하고 있어요. 물건을 가지고 온 소비자

들은 스템프를 적립받아 물품 구매 시 사용할 수 있지요. 아울러 알맹상점은 보다 많은 이들이 쓰레기를 줄이는 일과 자원 순환의 중요성을 바로 알고 실천할 수 있도록 다양한 프로그램을 운영하고 있어요. 알맹상점이 하는 일과 의미를 알려 주는 도슨트 프로그램, 플라스틱 병뚜껑을 녹여 새로운 제품으로 만드는 업싸이클링 프로그램 '플라스틱 달고나', 자원 순환 교육 등을 실시하고 있지요.

반가운 것은 알맹상점과 같이 친환경 제품을 판매하는 리필스테이션, 제로웨이스트숍과 온라인 플랫폼이 우리 사회에 증가하고 있다는 점이에요. 더불어 호기심에 처음 이러한 상점을 방문했던 이들이 지구 환경을 생각하는 소비의 중요성에 눈뜨고 실천하는 기후 시민으로 성장하는 경우도 늘어나고 있지요. 여러분도 집이나 학교 주위에 알맹상점과 같은 곳이 있다면 한번 들러 보세요. 알맹상점 홈페이지에는 '전국 제로웨이스트 샵' 지도도 있답니다.